KB238476

Algorithm

순서도를 활용한 **알고리즘**

권 훈, 김정희 공저

순서도를 활용한 **알고리즘**

KSI 한국학술정보㈜

머리말

    많은 학생들이 프로그래밍을 하고, 이에 대한 기술들을 습득하고자 노력한다. 그러나 이러한 프로그래밍을 잘하기 위해서는 몇 가지 고려를 해야 할 것이다. 첫째, 저자도 그랬듯이 프로그래밍을 처음 할 때 "프로그래밍은 어렵다"라는 막연한 두려움을 가지고 있다. 이러한 막연한 두려움으로 인하여 더욱 힘들게 프로그래밍을 접했던 것 같다. 두 번째, 프로그래밍을 하는 데 있어 많은 학생들이 문법에만 치중하고, 이 문법을 이해하기보다는 외워서 익히려는 행동을 많이 보게 된다. 이렇게 무작정 외우는 습관이야말로 프로그램을 잘하지 못하게 만드는 요인이라 생각한다. 마지막으로 세 번째는 "백문이불여일타"라고 생각한다. 책으로만 공부해서는 프로그래밍을 잘할 수 없다. 직접 하나라도 쳐 보고 결과를 확인하는 것이야말로 프로그래밍을 잘할 수 있는 방법이 아닐까 생각한다.

    이렇게 프로그래밍을 잘하기 위해서는 물론, 언어적 문법을 잘 습득하는 것도 중요하지만 무엇보다도 어떠한 문제가 주어졌을 때 이를 효율적으로 해결하기 위한 방법과 이를 적용하여 풀어나가기 위한 분석이 중요하다 할 수 있다.

    이에 "순서도를 활용한 알고리즘"이라는 책은 언어적 문법보다는 이를 이용하여 어떠한 문제가 주어졌을 때 해결할 수 있는 능력을 설계하고 분석할 수 있도록 하는 데 초점을 두었다고 할 수 있다. 알고리즘에 대한 설명과 함께 이를 해결하기 위해 문제를 분석하고, 이를 순서도로 일일이 표현해 봄으로써, 프로그래밍에 대한 실력을 향상시킬 수 있을 것으로 생각한다.

    본 교재는 이론의 설명에만 치우치지 않고 보다 다양한 예제를 이용하여 알고리즘을 이해하고, 이를 분석할 수 있도록 하였다. 보다 많은 그림을 사용함으로써 글로 표현하는 것보다 훨씬 이해하기 쉽도록 하였다.

    본 교재는 프로그래밍을 배우는 대학생 및 정보올림피아드를 준비하는 많은 학생들, 그리고 프로그래밍의 설계 및 알고리즘에 대한 이해가 부족한 학생들에게 많은 도움이 되길 바라면서 집필하였다.

    끝으로, 이 책이 나오기까지 부족한 원고지만 기꺼이 탈고하고 이를 기획해주신 한국학술정보(주) 관계자분들과 기획팀의 임은정님, 항상 옆에서 같이 연구하고 이 책을 같이 저술하느라 노력하신 김정희 박사님, 그리고 항상 곁에서 큰 도움을 주는 사랑하는 영이와 가족들, 밝은 세상의 빛을 볼 날이 머지않은 긍정이에게 감사한다.

2008. 10. 어느 날
대표 저자 권 훈

목 차

제1장 알고리즘 표현하기 / 13

제2장 프로그램 언어의 기초 / 25

제3장 알고리즘의 기초 / 45

제4장 실전 알고리즘 / 173

제1장

알고리즘 표현하기

1. 순서도

프로그래밍을 잘하기 위해서는 문제를 분석하여 컴퓨터로 처리할 방법을 찾아내야 한다. 이를 알고리즘이라 하며 보통 프로그래밍언어인 파스칼(Pascal), 시(C, C++), Quick Basic 등으로 표현한다.

일상생활에서 주어진 과제를 완수하거나 어떤 문제를 해결하는 데 있어, 해야 할 일의 순서를 정해 놓고 미리 계획된 방법에 따라 작업을 진행하면 착오를 막을 수 있을 뿐만 아니라 이해하기가 쉽고, 능률적일 때가 많다.

이를테면 A 씨가 B 씨에게 전화를 걸어 어떤 일을 상의하는 경우를 생각해 보기로 하자.

이때, A 씨가 할 일과 그 순서를 정리해 보면 다음과 같다.

① 다이얼을 돌린다.

② 통화 중인가 주의한다.

③ 통화 중이면 기다린다.

④ 전화가 통하면 B 씨를 찾는다.

⑤ B 씨가 응답하면 용건을 말한다.

⑥ B 씨가 집에 없으면 전할 내용을 가족에게 말한다.

⑦ 전화기를 놓고 끝낸다.

이와 같이, 어떤 일의 처리나 문제를 해결할 때, 그 처리 과정이나 해결 절차를 **알고리즘(algorithm)**이라 하고, 알고리즘을 그림으로 나타낸 것을 **순서도(flow chart)**라 한다.

위의 처리 절차를 순서도로 나타내면 아래 그림과 같다.

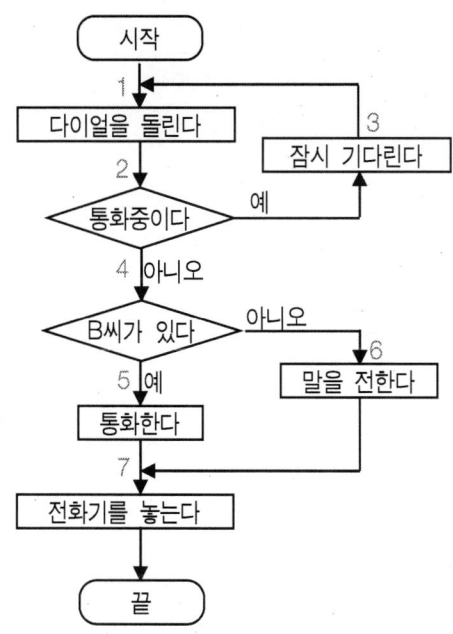

프로그램을 작성할 때에 순서도를 사용하면 해결 과정의 논리적 단계를 쉽게 파악할 수 있을 뿐만 아니라, 프로그램에 오류가 발생하는 경우에도 쉽게 수정할 수 있다.

일반적으로, 알고리즘과 순서도는 문제 해결의 과정을 나타낸 것이므로 사람마다 다를 수 있으나, 그 처리 과정은 누구나 알 수 있도록 일목요연하고 체계적으로 작성해야 한다. 이러한 순서도를 통하여 알고리즘을 학습하게 된다. 순서도로 문제를 해결하는 것이 프로그래밍의 기초가 된다.

순서도의 역할을 들면 다음과 같다.
① 컴퓨터 없이 프로그래밍을 연습할 수 있다.
② 컴퓨터 프로그램 코딩의 기초가 된다.
③ 타인에게 전달하기 용이하다.
④ 수정(디버깅: debugging)이 용이하다.
⑤ 프로그램 보관 시 자료가 된다.

컴퓨터 프로그램의 순서도를 작성할 때의 기본 원칙은 다음과 같다.
① 표준 기호를 사용한다.
② 순서도의 흐름을 위쪽에서 아래쪽으로 하고, 흐름이 서로 교차
  하지 않도록 작성한다.
③ 설명은 기호 안에 간단하게 삽입한다.

순서도의 표준 기호는 다음과 같다

기 호	기 호 의 설 명	보 기
(타원)	순서도의 시작이나 끝을 나타내는 기호	(시작(끝))
(사각형)	값을 계산하거나 대입 등을 나타내는 처리 기호	A=B+C
(마름모)	조건이 참이면 '예', 거짓이면 '아니오'로 가는 판단 기호	<A>B> →아니오 / 예
(인쇄기호)	서류로 인쇄할 것을 나타내는 인쇄 기호	인쇄 A
(평행사변형)	일반적인 입·출력을 나타내는 입·출력 기호	입력(출력)
↓	기호를 연결하며 처리의 흐름을 나타내는 흐름선	시작 ↓ A,B 입력

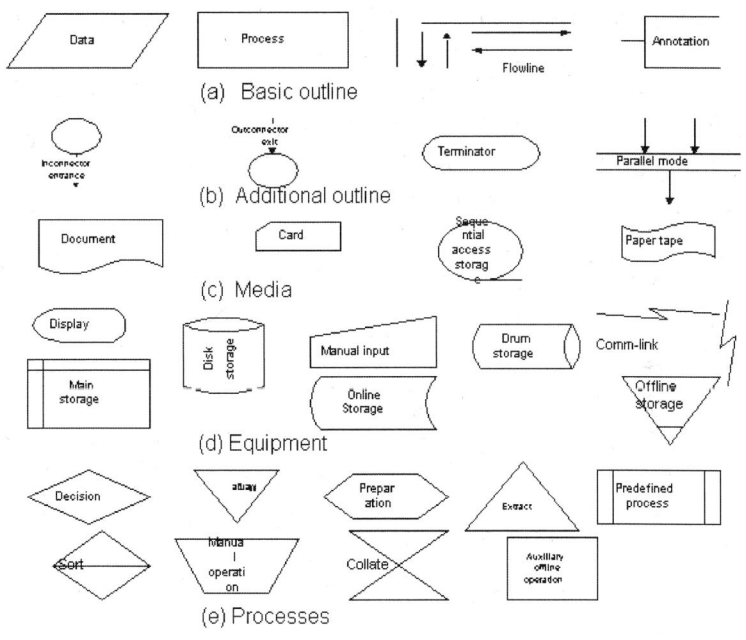

국제표준화기구(ISO)의 흐름도 기호

일반적인 프로그램은 순차(sequence), 선택(selection), 반복(loop)
세 가지 기본적인 구조를 확장함으로써 프로그램을 개발할 수 있다.
이 세 가지의 구조들을 이용하여 프로그램을 단순화함으로써 거미줄
같은 코드를 쓰지 않고, 더 쉽게 이해하고 사용할 수 있는 프로그램
을 만들 수 있게 된다.

1) 순차 구조(Sequence Structure)

다음 그림처럼 순차 구조에서 명령문들의 실행은 순서적으로 하나
씩 수행된다.

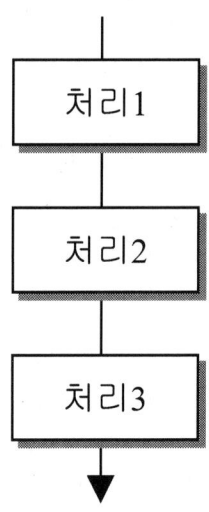

2) 선택 구조(Selection Structure)

선택 구조는 어떠한 조건에 따라 적절한 명령문들을 선택하는 논
리다. 따라서 선택 구조에서 내려진 결정은 다음에 어떤 명령문들이
실행될 것인가를 판단한다.

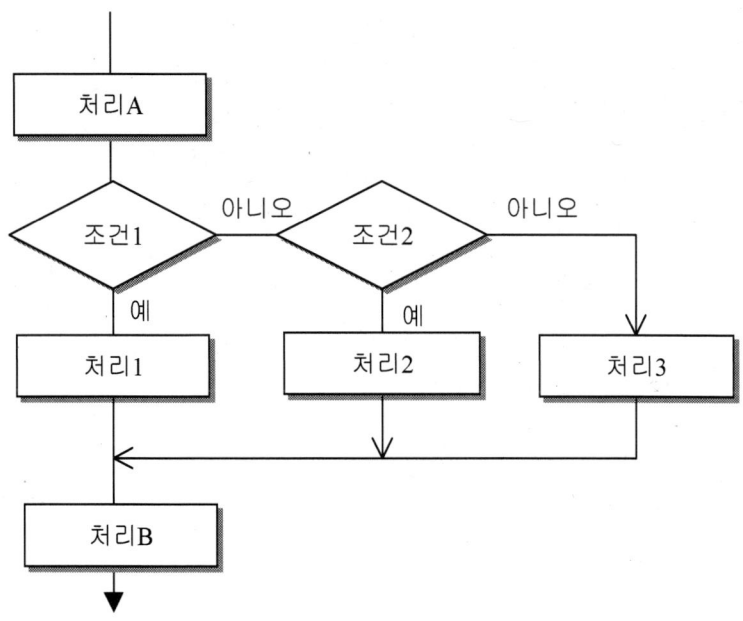

3) 반복 구조(Loop Structure)

반복 구조는 프로그램의 일부가 어떤 조건이 이루어질 때까지 반
복적(Loop)으로 실행되는 프로그램 논리를 나타내는 데 사용한다.

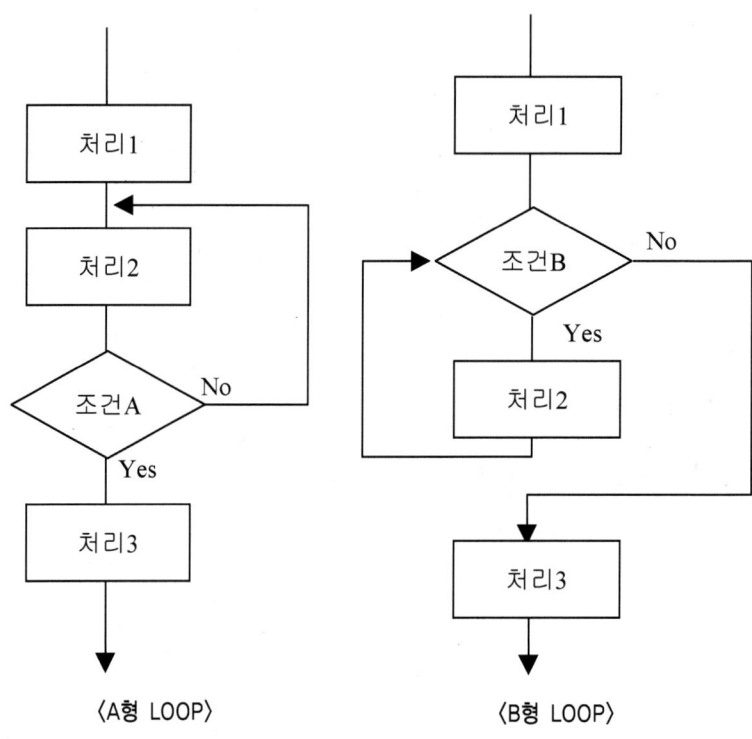

〈A형 LOOP〉   〈B형 LOOP〉

2. N – S 차트

1) 순차 구조

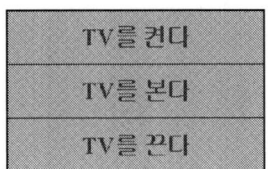

2) 선택 구조

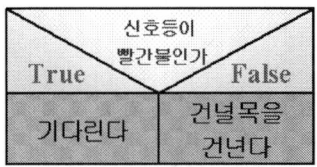

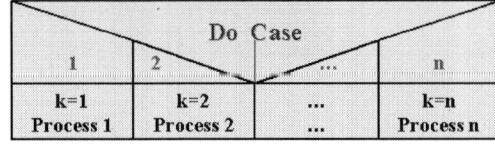

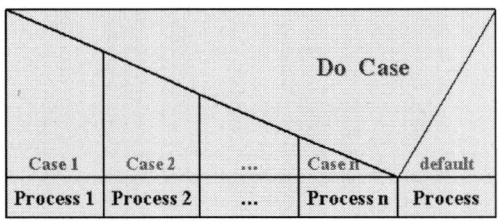

3) 반복 구조

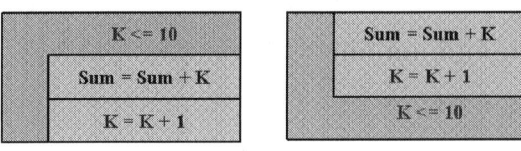

Do ~ While 구조   Do ~ Until 구조

4) 사용 예제

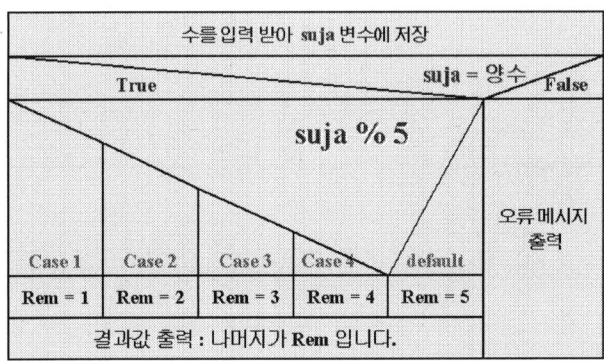

3. 의사코드(Pseudo-code)

이는 어떤 언어를 가상하여 정한 방법이다. 다음은 의사코드에 의한 프로그램 방법이다.

```
SALE_PRICE = PRICE*(1 - DISCOUNT_RATE)
PROFIT = (SALE_PRICE - PURCHASE_PRICE)*AMOUNT
IF PROFIT IS GRATER THAN UPPER_LIMIT
THEN MOVE EXCELLENT_CHARACTER TO ASSESS
GO TO PRINT_ASSESS
END-IF

IF PROFIT IS GRATER THAN OR EQUEL TO LOWER_LIMIT
THEN MOVE GOOD_CHARACTER TO ASSESS
GO TO PRINT_ASSESS
END-IF

IF PROFIT IS LESS THAN LOWER_LIMIT
THEN MOVE BAD_CHARACTER TO ASSESS
END-IF

PRINT_ASSESS.
CALL PRINT_RECORD
```

(1) 이러한 의사코드의 필요성을 보면, 플로차트는 "어떤 순서로 처리하는가?(How)" 표현 수단, "무엇을 하는가?(What)" 표현 수단으로 부적합하지만 의사코드는 What과 How를 동시 표현, 문서화, 생각 도구, 프로그램 설계정보 전달 도구, 자연어와 유사하다는 점에서 필요한 기법이다.

(2) 의사코드의 표현방법은 다음과 같다.

판매단가 = 정가*(1 - 할인율)
이익 = (판매단가 - 구입단가)*수량
IF(이익>목표상한)
THEN 평가 = "매우 우수"
ELSE IF(이익> = 목표하한)
THEN 평가 = "우수"
ELSE
평가 = "불량"
END - IF
END - IF
인쇄하는 부프로그램 CALL

제2장

프로그램 언어의 기초

1. 변수(variable)

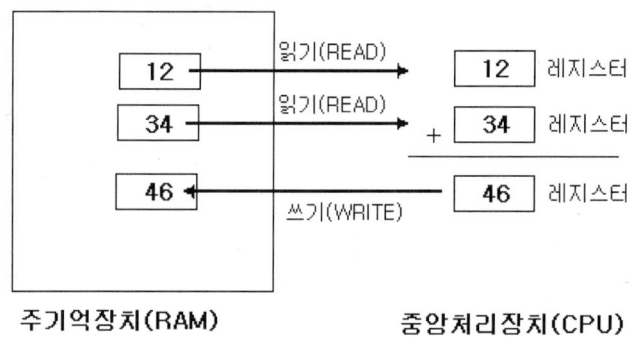

< 컴퓨터 내부에서 처리되는 과정 >

위 그림에서 보면 주기억장치에 저장되어 있는 두 값을 덧셈하여
결과를 다시 주기억장치에 저장하는 과정을 보여 주고 있다.

어떻게 내부에서 이러한 처리가 이루어지고 있을까?
먼저 컴퓨터가 처리하는 명령어의 형식은 다음과 같이 구성된다.

동작부(Operation)	주소부(Operand)

여기서 Operation code는 read / write / 더하기 / ……와 같은 명령부
이고, Operand는 명령을 수행하기 위해서 필요한 값을 지정하는 부
분이다.

어떤 프로그램언어로 작성된 프로그램이라 할지라도 약속된 형식의 기계어 코드로 변환되어야만 실행할 수 있고 이러한 일을 담당하는 것이 컴파일러이다. 그런데 문법체계가 모두 언어마다 다르니까 컴파일러의 구성도 각각 다르다. 그렇지만 최종적인 기계어 코드는 어떠한 언어로 표현하든지 약속된 기계어 코드 형식으로 바뀐다.

그러면 주소부는 어떻게 처리할까?

주기억장치에는 데이터 저장단위(바이트 또는 워드)로 일련번호가 부여되어 있는데 이를 절대주소라 한다(마치 인터넷에서의 IP주소와 같음). 그렇다면 프로그래머는 절대주소로 표현해야 하는데 그렇게 되면 모든 주소의 내용을 파악하고 있어야 하는 어려움이 있을 것이다. 그래서 프로그래머의 편리성을 위해서 일정한 주소와 이름을 서로 연결하여 사용하도록 한다(IP adress와 Domain name). 여기서 말하는 이름이 바로 프로그램언어에서 사용하는 변수가 되는 것이다.

일정한 위치에 값을 기억하기 위해서는 컴퓨터에게 미리 사용하겠다는 의사를 밝혀야 하는데 변수의 선언문이 바로 그것이다. 변수가 선언되면 컴퓨터는 변수명과 주소를 연결하는 기호 테이블을 만들고 변수를 사용하면 곧바로 주소로 변환하여 읽고 쓸 수 있게 해 준다.

변수 선언 시에 한 가지 명심해야 할 것이 있다. 다양한 형태의 자료(숫자, 문자, 그림, 소리)가 컴퓨터에 기억될 때는 2진 형태로 기억이 된다. 그렇기 때문에 컴퓨터에게 이것이 어떠한 형태인지를 알려

줄 필요가 있다. 그래서 선언 시에는 반드시 데이터 형식이 필요한 것이다. 예를 들어 'A'라는 문자는 ASCII 코드 값으로 저장되는데 65라는 10진수가 할당되어 있다. 이를 2진수로 변환하면 0 1 0 0 0 0 0 1이 된다. 여러분은 이 값을 과연 어떤 값으로 인식하겠는가? 숫자 65일 수도 있고 문자 'A'일 수도 있고……. 그래서 형식지정이 중요한 것이다. 한 가지 정의해야 하는 것은 변수가 선언될 때 주기억장치의 저장위치는 정해졌지만 어디까지가 변수 영역인지를 컴퓨터가 알 수 없다. 결국 데이터 저장 공간의 크기가 필요한 것이다. 그렇지만 다행인 것은 프로그램언어에서 선언할 때는 크기 지정을 특별히 신경 쓰지 않아도 된다. 왜냐하면 형식을 정의할 때 약속된 크기가 있기 때문이다(모두 그런 것은 아니고 배열인 경우는 크기를 정해야 한다. 배열은 다음에 배운다.).

character = 1바이트 정수

integer = 2바이트 정수

long = 4바이트 정수

위 그림처럼 실행되기 위한 프로그램을 작성한다면

VB에서

```
Dim a As Integer, b As Integer, c As Integer
a = 12
b = 34
c = a + b
```

VC에서

```
int a, b, c;
a = 12;
b = 34;
c = a + b;
```

Delphi에서

```
var a, b, c: integer;
a: = 12;
b: = 23;
c: = a + b;
```

2. FOR문의 이해(반복문의 이해)

1) 단일 FOR문

0부터 9까지 십진수 1의 자리를 표현하는 디지털시계가 있다고 하자.
 일정시간이 지나면 숫자가 증가하는데 이를 프로그래밍하면(print는
화면출력 명령이라 한다.)

```
Print 0
Print 1
Print 2
```

......

Print 9

와 같이 10개의 명령이 필요하다.

명령어를 주의 깊게 보면 print 명령은 동일하지만 숫자가 0~9까지 변화하므로 규칙적인 반복을 하고 있음을 알 수 있다. 여기서 규칙성이라는 것에 유의해야 한다.

그렇다면 이것을 반복문으로 바꿔 보자.

For i=0 To 9

Print i

Next

2) 2중 FOR문

0부터 9까지를 표현하는 십진수 1의 자리와 10의 자리를 표현하는 디지털시계가 있다고 하자.

규칙을 찾아보자.

10의 자리 0 - 1의 자리 0부터 9까지 변화

print 0 - 10의 자리 출력

For i=0 To 9

Print i - 1의 자리 출력

Next

10의 자리 1 - 1의 자리 0부터 9까지 변화

print 1

```
For i=0 To 9
Print i
Next
……
```

10의 자리 9-1의 자리 0부터 9까지 변화

```
Print 9
For i=0 To 9
Print i
Next
```

여기서는 10의 자리 숫자가 0부터 9까지 다르고 1의 자리는 각각
같은 방법으로 진행한다.

```
For ii=0 To 9
Print ii
For i=0 To 9
Print i
Next
Next
```

3) 3중 FOR문

1의 자리, 10의 자리, 100의 자리가 있는 디지털시계가 있다면?

100의 자리 0 출력

```
For ii=0 To 9
```

```
Print ii
For i=0 To 9
Print i
Next
Next
```

100의 자리 1 출력

```
For ii=0 To 9
Print ii
For i=0 To 9
Print i
Next
Next
```

......

100의 자리 9 출력

```
For ii=0 To 9
Print ii
For i=0 To 9
Print i
Next
Next
```

위에서 보는 바와 같이 100의 자리 숫자 출력만 다르고 나머지는 동일한 반복을 한다.

```
For iii=0 To 9
```

```
Print iii
For ii = 0 To 9
Print ii
For j = 0 To 9
Print i
Next
Next
Next
```

FOR문 실전 예 1(숫자 순서가 실행 순서)

15개의 모양(1차원)

1	2	3	4	5	6	7	8	9	10	11	12	13	14	15

```
For i = 1 To 15
반복 문장
Next
```

15개의 모양을 3*5 형태로 변형(2차원)

1	2	3	4	5
6	7	8	9	10
11	12	13	14	15

```
For ii = 1 To 3
For i = 1 To 5
반복 문장
Next
```

Next

15개의 모양을 5*3 형태로 변형(2차원)

1	2	3
4	5	6
7	8	9
10	11	12
13	14	15

For ii = 1 To 5

For i = 1 To 3

반복 문장

Next

Next

15개 모양을 다음과 같이 배열하면

1				
2	3			
4	5	6		
7	8	9	10	
11	12	13	14	15

For ii = 1 To 5

For i = 1 To ii

반복 문장

Next

Next

15개 모양을 다음과 같이 배열하면

1	2	3	4	5
6	7	8	9	
10	11	12		
13	14			
15				

For ii = 1 To 5

For i = 1 To 6 − ii

반복 문장

Next

Next

FOR문 실전 예 2

제시유형: 100부터 999까지를 출력하고 싶다.

방법 1.

For i = 100 To 999

Next

방법 2.

For iii = 1 To 9

For ii = 0 To 9

For i = 0 To 9

Next

Next

Next

위 방법 중에서는 방법 1이 옳은 방법이다.

제시유형

1. 100부터 999까지 중에서 100의 자리가 10의 자리보다 크고 10의 자리가 1의 자리보다 큰 숫자를 출력한다.
2. 100부터 999까지 중에서 각 자릿수의 합이 12인 값을 출력한다.

방법 1.

For i = 100 To 999

Next

방법 2.

For iii = 1 To 9

For ii = 0 To 9

For i = 0 To 9

Next

Next

Next

위 방법 중에서는 방법 2가 옳다. 그 이유를 생각해 보도록 하자.

3. 부프로그램(sub program)

하나의 주프로그램(main program) 내에 여러 가지 작업들이 모여 있을 경우 프로그램의 효과적인 관리를 위해서는 각 작업별로 분리하여 독립적인 동작을 하도록 하는 것이 좋다.

필요한 작업을 할 때는 분리된 작업(sub program)의 이름을 주프로그램(main program)에 호출함으로써 작업이 이루어진다.

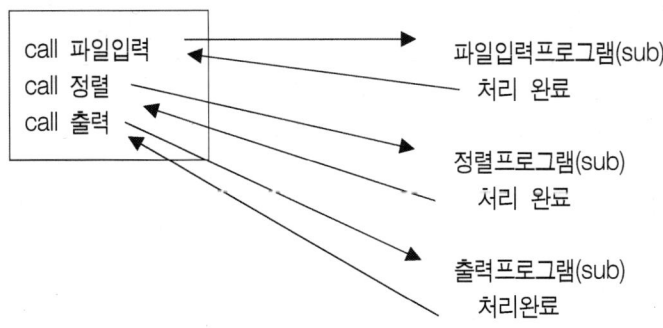

위 그림에서 보는 바와 같이 sub 프로그램이 부품이 되고 부품이 조립되어 하나의 커다란 프로그램이 된다고 생각하면 쉽다. 이렇게 함으로써 어느 한 작업에 문제가 있는 경우는 해당된 부품(sub)만을 다루면 되기 때문에 훨씬 효율적이다. 또 하나의 프로그램으로만 작성된 경우 한 번 수성을 하녀 번역(컴파일)을 전체적으로 해야 하지만 부분적으로 나눠져 있으므로 변경된 부분만 별도로 번역한 후 링크를 하면 되니까 역시 컴파일 과정에서도 효율적이다. 호출프로그램은 피호출프로그램이 어떤 작업을 어떻게 하는지는 신경 쓸 필요가 없고 필요시 호출만 하고 제어권을 피호출프로그램으로 넘겨주면 피호출프로그램은 제어권을 받아 자기가 맡은 일을 수행하고 다시 제어권을 호출프로그램으로 넘기면 되는 것이다.

그렇다고 너무 세분하여 부품을 만든다면 제어권을 넘겨주고 받는 데 문제가 생길 수도 있기 때문에 많은 프로그램 경험을 통하여 어느 부문까지를 하나로 묶을 것인지 결정하는 것도 중요하다.

호출 시 피호출프로그램으로 작업에 필요한 값을 넘겨줄 필요가 있다면 호출 시 넘겨주도록 한다. 이것을 매개변수라 한다.

Call workt(a,b)   Sub work(aa As Integer, bb As Integer)
호출시 a,b값을 넘겨줌   넘겨준 두 값을 aa, bb로 받음

다음은 sub 프로그램의 두 가지 다른 면을 보자.

프로그램언어의 전반적인 입장에서 설명하자면 **프로시저(procedure)**, **함수(function)**가 그것이다.

프로시저는 호출을 받고 처리를 완료한 후 호출프로그램으로 복귀 (return)할 때 값을 호출프로그램으로 전달하지 않는 경우이고, 함수는 복귀 값을 전달하는 경우를 말한다.

언어별 비교

	VB	VC	Delphi
프로시저	sub	function(함수 type을 void로 지정)	procedure
함수	function	function(함수 type을 원하는 형태로 지정)	function

마지막으로 부프로그램에서 가장 흥미로운 부분이 recursive call

(recursion)이다. 자기호출 / 재귀호출이라고 하는데 피호출프로그램에서 필요에 의해 다른 프로그램을 호출하는 입장이 되었을 때 다른 프로그램을 호출하는 것이 아니라 자기 자신을 다시 호출하는 경우이다. 그러면 영원히 호출하면 다시 호출하고 …… 언제 종료될까?

그렇기 때문에 재귀호출 시는 반드시 호출할 것인지 아닌지 조건을 명시해야 한다. 그렇지 않고 무조건 자기 자신을 호출하면 무한히 호출과 호출을 반복하기 때문에 문제가 생긴다(스택 오버플로(overflow) 현상이 발생한다. 다음에 자료구조 스택에서 상세히 언급한다.).

재귀호출에 대한 실제사용은 알고리즘 part에서 설명하기로 한다.

4. Text 파일 처리

파일 처리 순서

1. open
2. 처리
3. close

file open이란?

파일에는 여러 가지 정보가 있다(파일명, 확장자, 파일의 위치, ……) 이러한 정보는 보조기억장치인 디스크에 저장되어 있는데 파일을 이용하기 위해서는 이와 같은 정보 영역을 주기억장치로 올려놓아야 한다. 이러한 것을 파일 열기(open)라고 한다. 컴퓨터 용어 식으로 표현하자면 "FCB(File Control Block)를 주기억장치로 Load하는 것"

1) VB에서 파일 열기

open 파일명 for 모드 as #파일식별번호
(여기서 모드는 input: 파일의 내용 읽기 output: 파일에 쓰기)

예제>
Open "test.txt" For Input As #1
Open "test.out" For Output As #2

2) 처리부분

VB에서 파일 읽기
Input #파일식별번호, 파일의 내용을 읽어서 저장할 변수, ……

VB에서 파일 쓰기
Print #파일식별번호, 파일에 기록할 값이 저장된 변수 또는 값, ……

3) VB에서 파일 닫기

Close #파일식별번호

4) VC++에서 파일 입출력하기

[file 입력-(C++언어 환경)]

```
#include<fstream.h>
void main(){
ifstream in_f( "input.txt" ); // 입력용으로 input.txt파일을 in_f로 설정
in_f>>a;// 파일의 내용을 읽어서 a변수에 기억
in_f.close(); // 파일 닫기
}
```

[file 출력-(C++언어 환경)]

```
#include<fstream.h>
void main(){
ofstream out_f( "output.txt" );
// 출력용으로 output.txt파일을 in_f로 설정
out_f<<a; // a변수에 기억된 값을 파일로 출력
out_f.close();// 파일 닫기
}
```

[file 입력 ― (C언어 환경)]

```
#include<stdio.h>
void main(){
FILE *ifp;
ifp=fopen( "input.txt" , "r" );
fscanf(ifp, "%d" , a);
// 공백을 포함한 문자열 입력 시 fgets(문자배열, 문자수, file 포인터);
fclose(ifp);
}
```

[file 출력 ― (C언어 환경)]

```
#inlude<stdio.h>
void main(){
FILE *ofp;
ofp=fopen( "output.txt" , "w" );
fprintf(ofp, "%d" , a);
fclose(ofp);
}
```

5. 레코드 처리

배열은 같은 형식의 데이터가 연속적으로 기억할 수 있도록 한 공간이라면 레코드는 다른 형식의 변수가 하나의 공통형식으로 묶인 것을 말한다.

예를 들어 신상카드를 하나의 형식으로 볼 때, 이름(문자), 주소(문자), 나이(숫자), ……와 같이 서로 다른 형태를 하나의 묶음으로 처리할 때 레코드를 정의하여 사용하면 손쉽게 처리할 수 있다.

VB에서 레코드 정의

```
Type sinsang
name As String
address As String
age As Integer
End type
```

레코드 타입 변수 선언

```
Dim r As sinsang
```

레코드 타입의 변수의 사용

```
r.name = "홍길동"
r.address = "제주시 일도2동"
r.age = 15
```

C에서 레코드 정의

```
struct {
char name[10];
char address[50];
int age;
} sinsang;
```

레코드 타입 변수 선언

```
sinsang r;
```

레코드 타입의 변수의 사용

```
r.age = 15
```

제3장

알고리즘의 기초

1. 알고리즘(Algorithm)의 정의

의자를 만든다고 하자. 그러면 먼저 나무 의자, 철제 의자, 플라스틱 의자 중 어떤 재료를 가지고 만들 것인지를 결정해야 한다. 형태가 결정이 되고 나면 어떻게 자르고 붙이고 하면서 의자를 완성할 것인지 방법을 정해야 한다.

위의 예에서 나무, 철, 플라스틱은 자료구조가 되고, 어떻게 할 것인지의 방법이 알고리즘이 되는 것이다. 재료가 준비가 되어 있다 할지라도 만드는 방법(알고리즘)을 모른다면 진짜 방법이 없는 것이다. 프로그램을 작성할 때 이와 같이 어떤 순서로 어떤 방법에 의해서 원하는 결과를 얻을 것인가 하는 알고리즘이 이렇게 중요한 것이다.

알고리즘의 학문적 정의
"주어진 문제를 해결하기 위한 잘 정의된 동작들의 유한 집합"

위의 정의에서 보듯이 내가 해결하고자 하는 가장 효과적인 방법이 알고리즘이 되는 것이다. 여기서 효과적이라 함은 되도록 빠른 시간 내에 적은 기억공간을 사용하여 해결하는 방법을 말하는 것이다. 알고리즘에서는 크게 시간과 공간이라는 두 가지의 효율성을 최대한으로 끌어올리는 노력이다(시간의 복잡도, 공간의 복잡도).

프로그램이란 컴퓨터를 이용해야 하는 것이므로 인간의 경험적인 직감으로 모든 것이 해결되지는 않는다. 즉 인간지향 알고리즘과 기계(컴퓨터)지향 알고리즘의 구별이 필요한 것이다. 다음에 나오는 유클리드 호제법(최대공약수를 구하는 방법)이 기계적인 알고리즘의 대표적인 예이다.

아무리 좋은 방법이라고 할지라도 컴퓨터 입장을 고려하지 않는다면 절대 프로그램으로 만들어질 수 없음을 명심하고 컴퓨터 내부처리 방식을 이해하기 위한 노력이 동반되어야 한다.

2. 유클리드 호제법(1)
"컴퓨터는 단순한 반복을 좋아한다."

최대공약수란?

약수: 어떤 수를 나누어떨어지게 할 수 있는 수

공약수: 두 수의 약수 중에서 서로 공통으로 갖는 값

최대공약수: 공약수 중에서 가장 큰 값

예) 24의 약수: ① ② ③ 4 ⑥ 8 12 24

18의 약수: ① ② ③ ⑥ 3 9 18

☞ 6이 최대공약수

2개의 정수 m, n의 최대공약수를 유클리드 호제법을 사용하여 구한다.

유클리드 호제법
A=BQ+R의 관계가 성립할 때 A와 B의 최대공약수는 B와 R의 최대공약수와 같다.

예를 들어 24와 18의 최대공약수는 일반적으로 다음과 같이 구한다(인간지향적 알고리즘).

2)24 18
3)12 9
 4 3   정답: 2*3=6

여기서 2와 3을 컴퓨터에서 찾아내는 것은 쉽지 않다. 기계적인 반복의 방법으로 해결할 수 있다.－유클리드 호제법(단순한 반복은 컴퓨터의 수행속도가 매우 빠르기 때문에 별 문제가 되지 않는다.)

정의: 2개의 정수 m, n(m>n)이 있을 때 최대공약수는 m−n과 n의 최대공약수를 구하는 방법으로 바꿀 수 있다.

즉, m과 n의 문제를 m−n과 n의 **문제로 치환**하여 작은 수로 만들고, 계속 m−n과 n에 대해서도 마찬가지로 **반복**하여 m−n=0이 될 때 m 또는 n이 최대공약수가 된다.

24와 18의 최대공약수
 =(24−18)과 18의 최대공약수=6과 18의 최대공약수=18과 6의 최대공약수
 =(18−6)과 6의 최대공약수=12와 6의 최대공약수

=(12－6)과 6의 최대공약수＝6과 6의 최대공약수→값이 서로 같
으므로 6이 최대공약수

과제: 위의 방법을 순서도(flow chart)로 그려 보자.

3. 유클리드 호제법(2)

m과 n의 차이가 클 때 나머지를 이용하면 효율적이다(뺄셈의 연속＝나눗셈).

m을 n으로 나눈 나머지가 0일 때 n이 최대공약수
아니면, m을 n으로 나눈 나머지와 n의 최대공약수 ← 반복

24와 18의 최대공약수
＝24 mod 18과 18의 최대공약수＝6과 18의 최대공약수＝18과 6
의 최대공약수
＝18 mod 6과 6의 최대공약수＝18 mod 6이 0이므로 종료. 이때
6이 최대공약수

과제: 위의 방법을 순서도(flow chart)로 그려 보자.

4. 소수(Prime number)

소수의 정의

1과 자기 자신만을 약수로 갖는 수

＝1과 자기 자신만으로 나누어떨어지는 수(나누어떨어진다.＝나머
지가 0이다.)

2, 3, 5, 7, 11 …… 등이 소수에 해당된다. 1은 소수가 아니다.

소수의 판정: n이 소수인가를 판정한다.

소수의 판정(1) 2부터 n－1까지 나누어 본다.

"1과 자기 자신만을 약수로 갖는다."는 정의에 따라 2부터 자기
자신 －1까지 나누어지는가를 반복한다. 나누어지는 경우는 "소수가
아니다."라는 판정이 되고 반복을 멈춘다. 반복되는 동안 나누어지는
수가 없으면 그 수는 소수가 된다.

과제: 위의 방법을 순서도(flow chart)로 그려 보자.

소수의 판정(2) 2부터 n / 2까지 나누어 본다.

n은 n / 2보다 큰 값으로 나누어떨어지는 경우가 없으므로 불필요
한 반복을 할 필요가 없다. (알고리즘에서 수행시간이 중요)

"n은 n / 2보다 큰 값으로 나누어떨어지는 경우가 없다?"

예를 들어 8의 약수를 보자.

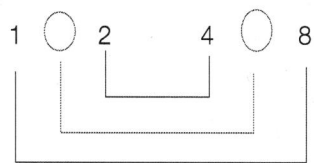

위의 예를 보면 1*8=8 2*4=8이다. 결국 1, 2, 4, 8로 나누어떨어진다. 8 / 2 값 즉, 4보다 큰 값으로 나누어떨어지려면 1과 2 사이의 정수와 곱해서 8이 돼야 하는데 1과 2 사이에는 정수가 존재하지 않는다. 그러므로 "n은 n / 2보다 큰 값으로 나누어떨어지는 경우가 없다."라고 하는 것이 옳은 결론이다.

수학적으로는 $\sqrt{n}$ 까지 나누어 보는 것이 좋다.

소수의 판정(3)－에라토스테네스의 체

만약 1부터 1000 사이의 정수 중 소수를 모두 골라내어 출력하고 싶다. 위의 두 가지 방법을 사용한다면 전체 1부터 1000까지 반복하는 내부에 2부터 n / 2까지 나누어 보는 반복문장이 존재해서 복잡한 처리를 하게 된다.

그렇다면 이와 같이 구간의 모든 소수를 찾아내는 효율적인 방법이 있는데 이를 "에라토스테네스의 체"라고 한다.

에라토스테네스의 체

1) 2부터 n까지 모든 수를 체에 넣는다.

2) 2보다 큰 2의 배수를 체에서 걸러 낸다.

   (2의 배수는 2로 나누어떨어지므로 소수가 될 수 없다.)

3) 3이 체에 남아 있는가를 본다. 남아 있으면

   3보다 큰 3의 배수를 체에서 걸러 낸다.

4) n까지 위의 방법을 반복한다.

   (반복은 인간을 따분하게 하지만 컴퓨터는 손쉽게 처리한다.)

"체에 넣는다", "걸러 낸다"를 프로그램에서는 어떻게 처리하면 될까?

체에 값이 존재하면 1을 걸러 냈으면(체에 값이 존재하지 않으면) 0을 기억한다(물론 0과 1을 서로 바꾸어도 상관없다.).

2부터 n까지 같은 형태(0 또는 1을 기억)의 수많은 변수가 필요하다.==>배열을 이용하면 아주 쉬워진다.

과제: 위의 방법을 순서도(flow chart)로 그려 보자(에라토스테네스의 체).

소수와 관련된 문제들

과제 1. 소인수분해

양의 정수를 소수의 곱으로 분해하는 것을 소인수분해라 한다.

예를 들어 126＝2*3*3*7

과제 2. 쌍둥이 수

두 수가 서로 소수이면서 두 값이 차이가 2인 소수의 쌍

예) (3, 5)(5, 7)(11, 13) ……

과제 3. 2자리 정수에서 자릿수를 서로 바꾸어도 여전히 소수가 되는 값 찾기.

5. 난수 발생

난수(亂數, random number)란?

숫자 중에서 각각 같은 확률로 어느 하나를 선택하는 무작위 숫자. 예를 들면, 10진수 236에서 첫 번째 자릿수인 2는 0~9의 10개 숫자 중에서 10분의 1 확률로 2를 취하게 된 것이고, 3과 6도 마찬가지로 각각 10분의 1 확률로 취하게 되는 임의의 수, 무작위 수.

난수 발생기

특정한 제한 조건에 따라 일련의 난수를 발생시키기 위해 설계된 프로그램(함수)

난수표

무작위 추출을 할 때 이용되는 난수를 작성한 표. 0~9의 숫자가 임의로 나타나도록, 즉 어느 부분을 취하더라도 0~9의 숫자가 나타

나는 확률이 일정하도록 숫자를 늘어놓은 표이다.

이렇게 발생한 난수는 여러 분야에서 이용된다.

만약에 어떤 물체의 움직임에 따라 물체를 맞추는 게임 프로그램을 작성한다고 하자. 만약 물체의 움직임이 일정하게 고정된다면 게임은 재미가 없을 것이다. 어떻게 움직일지 아무도 모르는 상황이어야 한다. 즉, **위치 값을 난수로 대치**한다면 가능한 경우가 된다.

또한 프로그래밍에서 배열을 이용한 정렬을 테스트하고 싶다고 하자. 배열은 1000개이고 배열에 값을 넣어 정렬이 올바로 되는지를 확인하고 싶다. 그렇다면 미리 정해 놓은 값을 한다면 옳은 테스트가 될 수 없다. **배열 값에 난수를 이용**하면 가능해지지 않을까?

VB에서 난수 발생하기

a = int(rnd*100)←0부터 99까지의 난수 발생

a = int(rnd*10) + 10←10부터 19까지의 난수 발생

Form1.Backcolor = RGB(int(rnd*256), int(rnd*256), int(rnd*256))

실행할 때마다 난수 발생을 다르게 하고 싶다면?

Randomize Timer←프로그램이 실행될 때 시간을 기준으로 난수 발생

---

1 ~ N 값을 배열을 이용하여 무작위 순열 구하기(중복되지 않게 1 ~ N 값 섞기).

방법 1

1. 1~N 사이의 난수를 발생한다. 이것을 순열의 첫 번째 데이터로 삼는다.

2. 다음을 N-1번 반복한다.

2-1. 1~N 사이의 난수를 발생한다.

2-2. 위에서 구한 난수가 이미 발생된 것이라면 다시 난수를 발생한다.

그렇지 않으면 순열의 값으로 받아들인다.

과제: 방법 1을 순서도(flow chart)로 그려 보자.

방법 2(방법 1의 개선)

1) 배열 a(1)부터 a(N)에 1~N 값을 순서대로 저장한다.

2) 1~(N-1) 사이의 난수 w를 발생한다. a(w)와 a(N)를 서로 교환한다.

3) 1~(N-2) 사이의 난수 w를 발생한다. a(w)와 a(N-1)를 서로 교환한다.

4) 1~(N-3) 사이의 난수 w를 발생한다. a(w)와 a(N-2)를 서로 교환한다.

......

5) 1~1 사이의 난수 w를 발생한다. a(w)와 a(2)를 서로 교환한다.

과제 1: 방법 2를 순서도(flow chart)로 그려 보자.

과제 2: 방법 2는 어떤 면에서 방법 1보다 효율이 높은지 얘기해 보자.

몬테칼로법을 이용하여 원주율을 구한다.

몬테칼로법: 어떤 문제를 수치 계산으로 해결하는 것이 아니라 확률 (난수)을 이용하여 푸는 것을 말한다.

원주율: 원주(원둘레)의 길이와 그 지름과의 비율

3.141592653589793238462643383279502884197169399375105 820974944······

샌프란시스코에선 매년 3월 14일 1시 59분에 원주율의 탄생을 축하하는 행사를 갖는다.

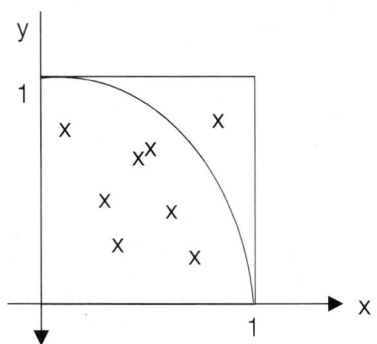

반지름이 1인 1 / 4원의 면적 = Π / 4

정사각형의 면적 = 1

0과 1 사이의 난수 x, y를 발생하여 1 / 4원 가운데 분포된 난수를 a, 원 밖에 분포되어 있는 난수를 b로 할 때 다음과 같은 식이 성립한다.

  Π / 4: 1 = a: a + b

  Π = 4*a / (a + b) = 4*a / n(n은 난수 발생 횟수, n의 값이 클수록 원
    주율 값에 근접한다.)

한 가지 더!

"원의 내부에 있다."는 것을 어떻게 표현할까?

x*x + y*y < = 1(반지름이 r인 원의 방정식 $x^2 + y^2 = r^2$)

6. 순위(rank)

1) 가장 일반적인 방법

다섯 사람 A, B, C, D, E의 점수가 각각 70, 90, 80, 60, 100점이
라 하자.

A의 순위는 4위: 자기보다 큰 점수가 3명이므로
B의 순위는 2위: 자기보다 큰 점수가 1명이므로
C의 순위는 3위: 자기보다 큰 점수가 2명이므로
D의 순위는 5위: 자기보다 큰 점수가 4명이므로
E의 순위는 1위: 자기보다 큰 점수가 없으므로

각각의 점수가 A(1)~A(5)에 기억되었다고 가정하고

이를 알고리즘으로 표현하면

1) A(1)의 순위
자신의 순위를 1로 초기 값을 준다.
A(1)~A(5)까지 자기 점수(A(1))와 비교한 후 상대방 점수가 크면
순위 증가
(여기서 A(1)은 자기 자신과 같으므로 비교할 필요가 없다. 그렇지
만 큰 값일 경우만 증가하므로 자기 자신과의 점수는 같기 때문에
관계가 없다. 자기 자신을 제외하는 부분이 포함되면 프로그램이 복

잡하므로 이와 같이 처리하는 것임.)

  2) A(2)의 순위

  자신의 순위를 1로 초기 값을 준다.

  A(1)~A(5)까지 자기 점수(A(2))와 비교한 후 상대방 점수가 크면
순위 증가

  ……

  3) A(5)의 순위

  자신의 순위를 1로 초기 값을 준다.

  A(1)~A(5)까지 자기 점수(A(5))와 비교한 후 상대방 점수가 크면
순위 증가

과제: 위와 같은 방법을 순서도(flow chart)로 그려 보자.

2) 개선된 방법

  다섯 사람 A, B, C, D, E의 점수가 각각 70, 90, 80, 60, 100점이
라 하자.

  점수분포가 100점까지라고 하면 T(101) 배열을 이용한다(배열첨자:
한계점수＋1).

  1) T(101)에 1을 넣는다.

  2) 다섯 사람의 점수를 가지고 각각 T(점수) 위치에 누적한다.

······	T(60)	······	T(70)	······	T(80)	······	T(90)	······	T(100)	T(101)
······	1	······	1	······	1	······	1	······	1	1

3) 100∼0까지 다음을 반복한다.

$T(i) = T(i) + T(i+1)$

······	T(60)	······	T(70)	······	T(80)	······	T(90)	······	T(100)	T(101)
······	6	5	5	4	4	3	3	2	2	1

4) T(점수+1) 번째 값이 순위가 된다.

60점인 경우 T(61) 값이 5이므로 5위가 된다.

과제: 위와 같은 방법을 순서도(flow chart)로 그려 보자.

과제: 개선된 방법과 일반적인 방법에서 무엇이 개선되었으며 문제점은 없는지 분석해 보자.

7. 사상(mapping)

〈예제〉 0∼100까지의 점수를 10점 간격으로 구분하여(0점∼9점, 10점∼19점, ······, 90∼99, 100의 11등급) 각 등급의 도수분포(히스토그램)를 만든다.

예를 들어 x값이 1이면 2를 출력하고, 2이면 4를 출력하고 ······라는 프로그램을 작성한다고 하자.

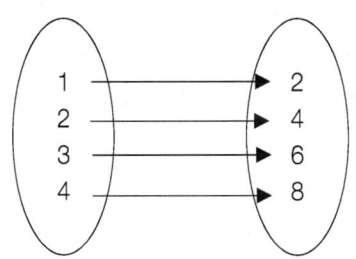

If x = 1 Then: Print 2
Elseif x = 2 Then: Print 4
Elseif x = 3 Then: Print 6
……

위의 경우 일정한 규칙이 있음을 알 수 있다. 즉 출력 값은 x*2 값이다.

그렇다면

Print x*2

로 간단히 처리할 수 있다.

이와 같이 **어떤 데이터 범위(이것을 정의역이라 한다.)를 다른 데이터 범위 (이것을 치역이라 한다.)로 변환**시키는 것을 사상이라 한다.

<예제>를 해결해 보자.

11개의 등급의 인원수(도수)를 출력해야 하므로 각각 누적변수가
필요하다. 여기서 11개의 변수는 같은 성격을 가지므로 배열을 이용
하는 것이 좋다.

0~9: count(0) 누적

10~19: count(1) 누적

......

90~99: count(9) 누적

100: count(10) 누적

일반적인 조건문은

if 점수>=0 and 점수<=9 then count(0)=count(0)+1

elseif 점수>=10 and 점수<=19 then count(1)=count(1)+1

......

여기서 규칙을 찾아보면 0~9는 10의 자릿수가 모두 0이고 10~
19는 10의 자릿수가 1이다.

그렇다면 다음과 같은 사상을 할 수 있다.

p=int(점수 / 10) ← 점수를 10으로 나눈 몫, 즉 10의 자릿수

count(p)=count(p)+1

이를 하나의 문장으로 표현하면

count(int(점수 / 10))=count(int(점수 / 10))+1

과제1: 문자열을 입력받아 문자의 사용 횟수를 아스키코드 순으로 출력한다.

예> "BKKAYBC"

A=1 B=2 C=1 K=2 Y=1

어떤 규칙으로 사상을 할 수 있는지 분석해 보자.

<참고사항>

ASCII 코드는 문자를 표현하기 위한 표준으로 8비트를 사용하여 256개의 문자를 표현하도록 되어 있다. 예를 들어 "0"=48 "A"=65 "a"=97과 같이 문자 하나에 숫자를 연결함으로써 컴퓨터 내부에는 문자를 기억할 때 ASCII 코드 값인 숫자를 기억한다.

VB에서 문자의 ASCII 코드 값 얻어 내기: ASC(문자)

ASCII 코드 값에 해당한 문자 얻어 내기: CHR(숫자)

과제2: 4개 문항을 가진 설문조사에서 10사람이 다음과 같은 응답을 했다. 각 설문에 대한 응답자수를 출력한다.

1 2 4 3 2 1 3 4 3 1

1번 응답=3   2번 응답: 2   3번 응답 =3   4번 응답=2

어떤 규칙으로 사상을 할 수 있는지 분석해 보자.

8. 최댓값 / 최솟값 구하기

> 10개의 난수를 발생하여 최댓값과 최솟값을 구한다(값의 범위 1 ~ 100).

데이터: 2311459043 2187257665
최댓값은 max 변수에 최솟값은 min 변수에 기억을 하기로 한다.

☞ 기본 원리

(최댓값)

현재 max 값과 상대 값을 비교하여 max 값보다 상대 값이 크면 최댓값이 달라지므로 상대 값을 최댓값으로 갱신한다.

(최솟값)

현재 min 값과 상대 값을 비교하여 min 값보다 상대 값이 작으면 최솟값이 달라지므로 상대 값을 최솟값으로 갱신한다.

비교를 하기 위해서는 max와 min의 초기 값을 부여해야 하는데 첫 번째 데이터 값을 준다(왜냐하면 첫 번째 데이터인 경우는 비교 없이 최댓값이면서 최솟값이 되니까.).

23   11   45   90   43   21   87   25   76   65

위 과정을 실제 비교한다면

max = 23

1) 11과 max 비교 max＝23

2) 45와 max 비교 max＝45

3) 90과 max 비교 max＝90

4) 43과 max 비교 max＝90

5) 21과 max 비교 max＝90

6) 87과 max 비교 max＝90

7) 25와 max 비교 max＝90

8) 76과 max 비교 max＝90

9) 65와 max 비교 **max＝90**

최솟값도 같은 원리로 하면 된다.

과제: 최댓값 / 최솟값 구하기를 순서도(flow chart)로 그려 보자.

9. 방향성

방향성이란 화면 위치나 배열 위치의 변화가 일정한 규칙이다.

(예를 들어 오목 check인 경우 수평방향, 수직방향 ,대각선방향(/), 대각선방향(\))

이러한 방향성 처리는 일정한 규칙성을 갖고 있기 때문에 배열에 기억을 해 두었다가 필요시에 꺼내 쓰면 대단히 편리하게 사용할 수 있다.

☞ **방향성의 예**

1. 기준점(♣) 주변의 4곳(미로 찾기)

	1	
2	♣	4
	3	

2. 기준점 주변의 8곳(지뢰 찾기, 라이프 게임)

1	2	3
8	♣	4
7	6	5

3. 또 다른 경우(장기에서의 馬, 서양장기의 나이트)

	1		2	
8				3
		♣		
7				4
	6		5	

위의 예에 나타난 방향성 배열에는 어떻게 기억을 시켜서 방향데이
터로 사용하는가?

(1. 기준점 주변의 4곳)

	1	
2	♣	4
	3	

기준점을 a(i, j)라고 하면

위치	1	2	3	4
행	i−1	i+0	i+1	i+0
열	j+0	j−1	j+0	j+1

여기에서 i, j를 빼고 행렬에 기억시키면

−1	0	1	0
0	−1	0	1

또는

−1	0
0	−1
1	0
0	1

과제 1: 방향성예 2의 방향 데이터를 배열에 기억시켜 보자.

과제 2: 방향성예 3의 방향 데이터를 배열에 기억시켜 보자.

과제 3: 그 밖에 다른 방향성은 없는지 찾아보자.

1) 라이프 게임(Game of Life)

라이프 게임이란 생물의 생명 순환을 묘사한 것으로 케임브리지 대학의 콘 웨이(J. Conway)에 의해 고안되었다. 인간의 사회에서 인구 과

밀이나 과소 때문에 새로운 사회가 생긴다. 이러한 인구 분포의 변화를 초기의 적당한 인구분포에서 어떤 규칙에 따라 시뮬레이터한 것이다.

1	2	3
8	♣	4
7	6	5

8칸인 경우

♣	4	
6	5	

3칸인 경우

	1	2
	8	♣
	7	6

5칸인 경우

생명체가 있는 칸의 주변에는 8개의 칸이 있다. 가장자리인 경우 3칸 혹은 5칸이 있는 경우도 있다. 어떤 경우이든 다음과 같은 규칙에 따라 생물체가 변화한다.

규칙 1 (탄생): 주변에 3개의 생물이 존재하는 경우
규칙 2 (사망): 주변에 1개 혹은 4개 이상의 생물이 존재하는 경우
규칙 3 (생존): 주변에 2개의 생물이 존재하는 경우

모든 변화는 동시에 일어나는 것으로 하여 세대의 분포를 형성한다.
종료조건은
1. 생물이 존재하지 않는 경우
2. 생물의 분포변화가 없는 경우
3. 최초에 결정한 세대의 변화 횟수를 초과하는 경우

라이프 게임을 수행하는 데 있어서 생각해야 할 몇 가지 사항
1. 모든 변화가 동시에 일어난다.

2. 8칸, 3칸, 5칸이 나타날 수 있다.

이런 경우는 배열의 크기를 하나 더 늘리고 8칸 처리하는 것으로 하면 된다.

0	0	0	0	0
0	♣			0
0				0
0				0
0	0	0	0	0

0	0	0	0	0
0				0
0	♣			0
0				0
0	0	0	0	0

0	0	0	0	0
0				0
0		♣		0
0				0
0	0	0	0	0

이와 같이 영역의 끝에 특정한 값을 부여하여 모든 동일한 상황으로 만들어 주는 것을 보초라 한다(마치 군 초소에서의 보초처럼). 보초의 예는 앞으로 계속 나오게 된다.

과제: 라이프 게임을 순서도(flow chart)로 그려 보자.

2) 오 목

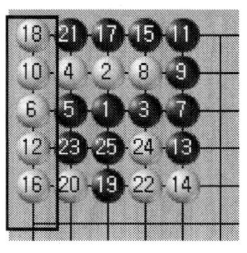

번호는 돌을 놓은 순서임.

위의 그림에서 보면 흰 돌이 오목이 되었음을 알 수 있다. 인간은 직감적으로 오목임을 확인하지만 컴퓨터는 다소 복잡한 과정을 거쳐서 오목임을 체크한다(방향성 체크).

오목 체크 원리(수평 체크)
먼저 원리부터 설명하고 방향 데이터를 설정한다.

마지막으로 돌을 놓은 위치

1) 오른쪽 방향으로 검은 돌이 아닐 때까지 반복하여 이동한다.

○ ● ● ● ● ● ○
                  ↑

2) 왼쪽 방향(오른쪽의 반대)으로 이동하면서 검은 돌이면 count +1한다.

○ ● ● ● ● ● ○
               ↑ count = 1

○ ● ● ● ● ● ○
            ↑ count = 2

○ ● ● ● ● ● ○
         ↑ count = 3

○ ● ● ● ● ● ○
     ↑ count = 4

○ ● ● ● ● ● ○

↑ count = 5

○ ● ● ● ● ● ○

↑ 검은 돌이 아님: 종료

 count 값이 5이므로 오목이 되었음을 확인

위의 경우의 방향성: 현재 위치 a(i, j)

오른쪽으로 이동: a(i+0, j+1)

왼쪽으로 이동: a(i+0, j-1)

두 값을 기억하지 않고 하나의 값(오른쪽)을 기억한 후 오른쪽으로 이동 시는 더하고 왼쪽으로 이동 시는 빼면 된다.

만약 행 변화 값을 r(=0)열 변화 값을 c(=1)라 하면

오른쪽 이동: a(i+r, j+c)

왼쪽 이동: a(i-r, j-c)

로 표현할 수 있다.

다른 방향도 마찬가지이다.

☞ 정리하면 8방향인데 변형된 것은 4방향이라 할 수 있다.

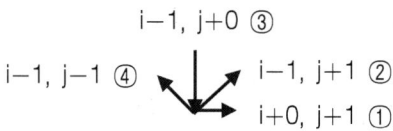

i-1, j+0 ③
i-1, j-1 ④   i-1, j+1 ②
                    i+0, j+1 ①

①	0	1
②	−1	1
③	−1	0
④	−1	−1

　여기서 한 가지 주의할 점은 ① 방향 검사 후 오목이 아니면 ② 방향 검사를 해야 하는데 **마지막 돌을 놓은 위지로 항상 시작**을 해야 한 다는 것을 잊지 말아야 한다.

과제: 오목프로그램을 순서도(flow chart)로 그려 보자.

10. 재귀호출(Recursive Call)

　1장의 부프로그램에서 보았듯이 재귀호출은 상당히 흥미를 끄는 프로그램이다. 그러나 내부적인 실행이 아주 복잡하게 진행되므로 실 행이 어떻게 이루어지는지 이해하기가 매우 어렵다. 기초부터 차근차 근 시작하면서 실행의 흐름이 보일 수 있도록 하자.

　알고리즘 단계를 어느 정도 도달하면 재귀호출의 사용을 자제해야 한다. 왜냐하면 실행속도가 현저히 떨어지기 때문이다.

제1단계
　다음 프로그램의 실행 결과를 예상해 보자.

```
Private Sub ast()
   Print  "*"
   Call ast ← Recursive call
End sub

   Sub main()
   Call ast
   End sub
```

제2단계

1단계의 문제점을 이해하기 위해서는 부프로그램의 실행과정을 이해해야 한다.

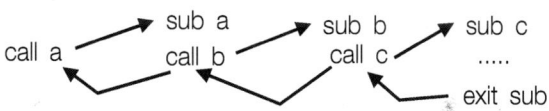

그림에서 보는 바와 같이 호출순서와 복귀순서는 역순임을 알 수 있다.

컴퓨터 내부에서 처리될 때 프로그램이 호출되면 복귀주소를 기억해 두고(처리를 마치고 돌아와야 하니까) 호출된 프로그램으로 제어권이 이동되는데 이러한 복귀번지는 스택(stack) 영역에 저장을 한다.

스택: LIFO(Last In First Out)구조를 갖는다(자료구조에서 자세히 다룬다.).

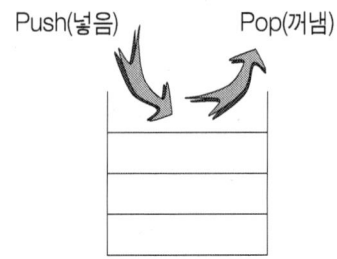

 그렇다면 호출 시는 스택에 값을 넣고(push) 수행을 마치고 돌아갈 때는 스택의 값을 꺼내고(pop) 그 값이 지시하는 위치로 옮겨진 후 명령을 수행한다. 그런데 호출만 계속되고 복귀하지 않는다면?
 스택은 넘쳐나게 되어(Overflow) 더 이상 실행을 하지 못하게 된다(내부 interrupt가 발생하게 된다.).

제3단계
 그렇다면 재귀호출 시 가장 중요한 것은 조건에 따라 호출되도록 해야 한다는 것이다. 다시 말하면 **종료조건**이 있어야 한다는 것이다.
 종료조건을 제시하기 위해서는 매개변수를 이용하여 그 매개변수의 값에 따라 수행 여부를 결정한다면 가능하다.

1단계 프로그램을 종료조건에 맞게 수정을 하면 다음과 같다.

```
Private Sub ast(n As Integer)
  Print  "*"
  If n<100 Then Call ast(n+1)
End sub

  Sub main()
  Call ast(0)
  End sub
```

4단계

다음 프로그램의 실행을 예상해 보자.

```
Private Sub ast(n As Integer)
  Print  "*"
  If n<100 Then Call ast(n+1)
  Print n
End sub

  Sub main()
  Call ast(0)
  End sub
```

실제 실행을 해 보면 생각보다 다른 출력이 된다.
그 이유는 무엇일까?

위에서 스택을 이용하여 복귀번지를 저장한다고 했다. 여기서 꼭 잊어서는 안 되는 중요한 한 가지!

"매개변수의 값까지 스택에 보관된다."

이게 무슨 얘기지?

호출될 때 매개변수의 변화가 일어나는데(만약 매개변수의 변화가 일어나지 않는다면 1단계 경우와 같게 됨) 호출될 당시의 매개변수의 값과 호출프로그램이 수행 종료 후 실행할 명령어의 위치(주소)가 스택에 보관된다는 것이다. ← **재귀호출의 가장 중요한 핵심**

다시 설명하자면 수행 도중에 변화되는 매개변수의 값이 고스란히 컴퓨터가 기억을 하고 있다는 것이고 언제든지 그 값을 이용할 수 있다는 결론이다.

"갈림길에서 하나의 길을 선택하여 걸어가다가 막히면 다시 갈림길로 돌아온다." =내가 갈 수 있는 모든 길을 갈 수 있다.

프로그래머의 입장에서는 출발만 시켜 주면 컴퓨터가 모든 길을 검색하니까 **편하지만** 바로 컴퓨터는 가지 않아도 되는 길도 무작정 모든 길을 방문하게 되니까 수행 시간에 문제가 될 수 있다.

간단하게 프로그램을 작성하여 실행하고 싶다: 재귀호출
수행시간을 고려하여 효율적인 실행을 하고 싶다: 비재귀호출

막상 프로그램을 작성할 때는 어떤 값을 매개변수로 결정하느냐가
상당히 어려운데 간단하게 표현하자면

변화 이전 값이 반드시 필요하다.＝매개변수 설정

다음 예를 반드시 익혀라.

100원, 50원, 10원을 가지고 잔돈 지불하는 경우의 수를 알아보자.

지불금액: 160원＝6가지 경우

	100원	50원	10원
1	1	1	1
2	1	0	6
3	0	3	1
4	0	2	6
5	0	1	11
6	0	0	16

경우의 수(6)를 기억하는 변수를 보자.

경우의 수는 160원 지불할 수 있을 때마다 증가하기만 한다. 이전
값을 생각할 필요가 없다. – 매개변수로 설정하지 않는다.

위의 경우에서 동전의 수(합치면 금액)를 보면 숫자가 증가했다가
감소했다가 변화가 심하다.

예를 들어

100원: 0, 50원: 2, 10원: 6 다음 차례는

100원: 0, 50원: 2, 10원: 7 160원을 초과했다.

(취소하고 이전으로 복귀한다. 즉, 50원의 개수가 1개인 경우로 되돌아가야 한다.)

이와 같이 **이전 값을 이용하여** 다음 진행을 해야 할 경우는 반드시 **매개변수로 설정**해야 한다고 생각하면 된다.

5 단계: 재귀호출의 실전 예

1) factorial 구하기

5! = 5*4*3*2*1

이와 같은 형식으로 분석했다면 반복문을 이용하여 쉽게 처리할 수 있다.

```
fact = 1
For i = 5 To 1 Step −1
  fact = fact*i
Next
```

5! = 5*4!

4! = 4*3!

3! = 3*2!

2! = 2*1!

1! = 1

이와 같은 분석을 했다면 재귀호출 처리가 가능하다. n! = n*(n − 1)!

이 반복 실행되고 있음을 알 수 있다. 이와 같은 것을 점화식이라 한다.

점화식: 수열에서 인접한 항끼리의 관계를 식으로 표현한 것

점화식의 예
1. 팩토리얼 $n! = n*(n-1)!$ 단, $1! = 1$, $0! = 1$
2. 거듭제곱 $x^n = x*x^{n-1}$ 단, $x^0 = 1$
3. 피보나치수열 $f_n = f_{n-1} + f_{n-2}$ 단, $f_1 = 1$, $f_2 = 1$
4. 조합 $_nC_r = _{n-1}C_{r-1} + _{n-1}C_r$ 단, $_nC_0 = 1$, $_nC_n = 1$

점화식이 존재한다는 것은 결국 같은 형태가 반복 호출된다는 것이므로 재귀호출로 표현이 가능하다.

```
Private Function fact(n As Integer) as Integer
    If n<2 Then
        fact = 1
    Else
        fact = n*fact(n - 1)
    End if
End function


Sub main
    Print fact(5) ← 출력 명령에 호출이 있다는 것은 함수(복귀 값이 존재)
End sub
```

재귀호출되는 과정을 다시 도식으로 나타내면 다음과 같다.

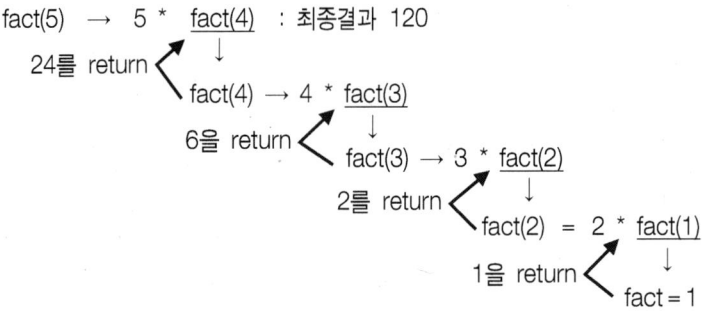

과제 1: 거듭제곱을 재귀호출로 표현하라.

과제 2: 피보나치수열을 재귀호출로 표현하라.

과제 3: 조합을 재귀호출로 표현하라.

2) n비트로 표현 가능한 2진수

4비트라고 가정하자.

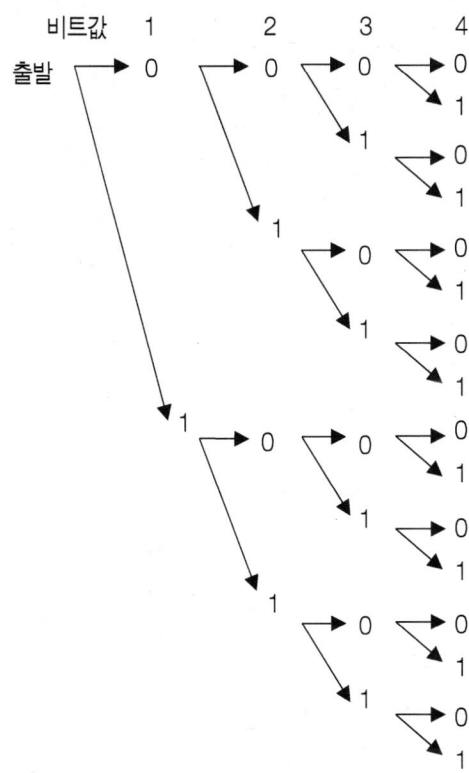

 위 그림에서 보는 바와 같이 0을 호출하는 부분과 1을 호출하는 부분으로 나누어져 있고 재귀호출 과정에서 **비트 값을 기준**으로 계속 호출할 것인지 아닌지가 결정되고 있으므로 매개변수로 설정해야 하고, 현재까지 이어온 비트 값(문자열로 처리하기로 한다.)을 기억하는 변수도 매개변수로 설정해야 한다.

```
Private Sub bin(n As Integer, s As String)
  If n = 4 Then    ←종료 조건
    Print s
  Else
    Call bin(n+1, s+ "0" )← "0" 을 붙이기 위한 재귀호출(비트위치 증가)
    Call bin(n+1, s+ "1" )← "1" 을 붙이기 위한 재귀호출(비트위치 증가)
  End if
End sub

Sub main
  Call bin(0,  "" )
End sub
```

과제: 위 프로그램을 응용하여 수를 입력받아 나타날 수 있는 괄호의 모든 경우를 출력하는 프로그램을 재귀호출로 구성해 보자.

예) 괄호의 수: 3
  ((( )))
  (( ) ( ))
  ……

3) 보물찾기

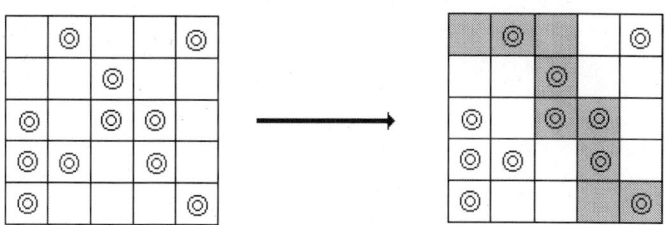

보물 찾기의 예

1행 1열 위치에서 5행 5열 위치까지 최대한 많은 보물을 찾아야 한다. 단, 이동은 오른쪽 또는 아래로만 이동이 가능하다.

☞ **문제 분석**

1. 오른쪽과 아래쪽의 **두 번의 호출**이 이루어져야 한다.
2. 목표점에 도달하면 **그때까지 얻은 보물의 수**를 최댓값과 비교

↓

매개변수로 지정

3. **전 상태로 이동**한 후 다시 목표점으로 이동

↓

위치를 기억하는 변수(행 값, 열 값)를 매개변수로 지정

84 알 고 리 즘

④ 영역범위를 벗어나지 않아야 호출이 이루어질 수 있다.

```
Private Sub rev(r As Integer, c As Integer, tot As Integer)
  If r = 5 And c = 5 Then← 종료조건(목표점 도달)
      tot = tot+a(r, c)
      If tot>max Then max = tot
  Else
      If c<5 Then Call rev(r, c+1, tot+a(r, c))←오른쪽 방향으로 이동
      If r<5 Then Call rev(r+1, c, tot+a(r, c))←아래 방향으로 이동
  End If
End Sub

Sub main( )
  Call rev(1, 1, 0)
  Print max
End Sub
```

과제 1: 5행 5열로 이동할 수 있는 모든 경로 수는 얼마일까?

과제 2: 과제 1의 결과를 얻을 수 있는 프로그램을 작성하려면 위 프로그램에서 어떤 부분에 처리가 포함되어야 하는가?

과제 3: 보물찾기에서 최대로 얻을 수 있는 보물의 수는 알았지만 어떤 경로로 이동해서 최대의 보물을 찾았는지를 모른다. 어떻게 하면 되는지 분석해 보자(단, 오른쪽일 때는 "R", 아래쪽은 "D" 로

표시하기로 한다.).

과제 4: 똑같은 최댓값을 얻는 경로는 여러 개가 존재할 수 있다. 그 경로를 출력한다면?

과제 5: 행 / 열의 수가 5인 예를 보았는데 만약 행 / 열의 수가 100이면 어떻게 될까?
문제점이 발견되었다면 해결책은 무엇인가 서로 토론해 보자.

4) 인접구간 연결하기

1	1	0	0	0
0	1	0	1	1
0	1	1	1	0
0	0	0	1	0
0	0	0	0	0

위 그림에서 색깔이 표시된 셀들은 모두 인접구간이다. 상 / 하 / 좌 / 우 값이 1이면 서로 인접된다고 한다. 출발 위치는 어느 위치를 정하든지 같은 결과가 나온다. 설명에서는 1행 1열 위치를 출발 위치로 한다.

☞ **문제 분석**

1. 현재 위치에서 **상하좌우를 판단**하여 1이 있으면 인접구간으로 흡수한다.

↑4번의 호출이 이루어져야 한다.

2. 막히면 다시 돌아와야 하므로 위치 값(행, 열)이 매개변수 값으로 설정되어야 한다.

3. **인접구간으로 인정**이 되면 기억된 값을 변경한다(프로그램에서는 9를 기억).

4. **경계선을 체크**하여 영역을 벗어나지 않도록 한다.

프로그램에서는 영역 범위 값을 체크하고 있지만 위에서 배운 보초를 이용하면 경계선 체크를 쉽게 할 수 있다.

```
Private Sub near(r As Integer, c As Integer)
  a(r, c)=9
  If r>1 And a(r-1, c)=1 Then Call near(r-1, c)←상
  If r<5 And a(r+1, c)=1 Then Call near(r+1, c)←하
  If c>1 And a(r, c-1)=1 Then Call near(r, c-1)←좌
  If c<5 And a(r, c+1)=1 Then Call near(r, c+1)←우
End Sub

Sub main( )
  Call near(1, 1)
End Sub
```

과제 1: 아래 그림과 같이 인접 그룹이 존재할 때 각 그룹에 속하는 요소들의 수를 각각 구한다고 하면 어떤 방법으로 처리할 수 있는지 토론해 보자.

1	1	0	0	0	0	1	0
0	1	1	0	0	0	1	0
0	0	1	0	1	1	1	1
0	1	1	0	0	0	0	0
0	1	0	0	0	1	1	0
1	1	0	1	0	1	0	0
0	0	0	1	0	1	0	0
0	0	0	1	1	1	0	0

과제 2: 다음 그림에서 다각형 안쪽에 있는 어느 한 위치를 정해주고 모두 2로 채우는 방법을 분석하고 프로그램을 작성해 보자 (Fill).

0	0	1	1	1	1	1	0
0	1	1	0	0	0	1	0
0	1	0	0	0	0	1	0
0	1	0	0	1	1	1	0
0	1	0	0	1	0	0	0
0	1	0	0	1	1	0	0
0	1	0	0	0	1	0	0
0	1	1	1	1	1	0	0

과제 3: 다음 그림에서 특정한 위치(값이 0인 위치)가 다각형 안쪽에 있는 셀인지 바깥쪽에 있는 셀인지를 판단하는 원리를 구상하고 프로그램을 작성해 보자. (재귀호출 이용)

0	0	0	0	0	0	0	0
0	1	1	1	1	1	1	0
0	1	0	0	0	0	1	0
0	1	0	0	1	1	1	0
0	1	0	0	1	0	0	0
0	1	0	0	1	1	0	0
0	1	1	1	1	1	0	0
0	0	0	0	0	0	0	0

5) 동전 지불하기

100원, 50원, 10원, 5원, 1원짜리가 있는 자판기에서 주어진 잔돈을 지불하는 방법의 수를 재귀호출을 이용하여 해결한다.

☞ **문제 분석(지불 동전이 150원일 때)**

1. 동전을 지불할 때는 금액이 큰 잔돈을 먼저 생각하는 것이 좋다.
2. 현재 내가 선택한 동전부터 1원까지 따져 본다.

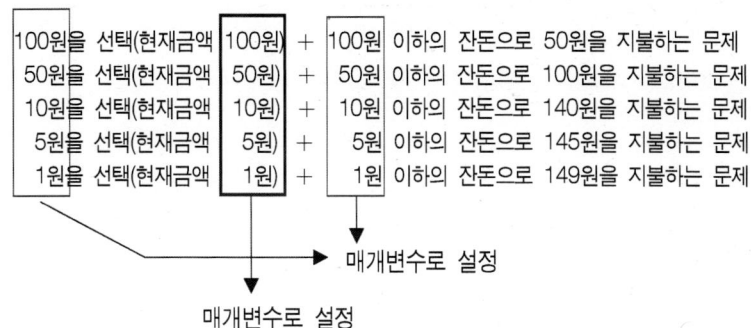

그림으로 표현해 보자(150은 너무 복잡해서 15원으로 설명하기로 한다.).

그림에서 ( ) 안의 값은 현재금액이다.

(x) 사용 못 함.

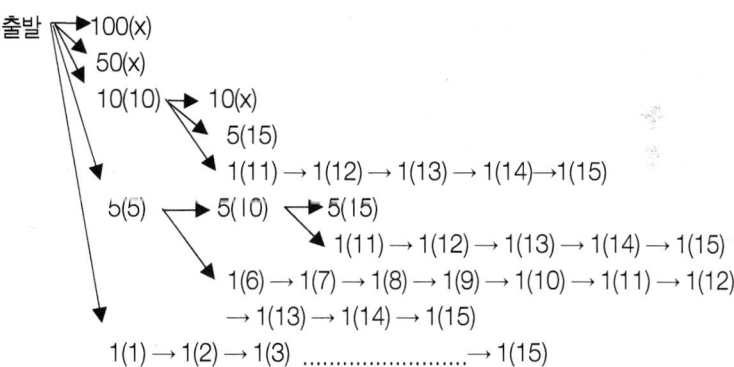

```
Sub don(w As Integer, mon As Integer)
  Dim i As Integer
  If mon = 150 Then
     tot = tot + 1
  Else
    For i = w To 5
        If mon + m(i) < = 150 Then Call don(i, mon + m(i))
    Next
  End If

End Sub
Sub main()
  m(1) = 100:  m(2) = 50:  m(3) = 10:  m(4) = 5:  m(5) = 1
  Call don(1, 0)
  Print tot
End Sub
```

과제 1: 동전 지불 경우의 수만큼 동전의 수를 출력하려면 어떻게 해야 하는지 분석해 보고 프로그램을 수정해 보자.

예) 15원인 경우

100원	50원	10원	5원	1원
0	0	1	1	0
0	0	0	3	0

·······························

과제 2: 유사한 유형

강아지가 계단을 올라가는데 1계단씩 또는 2계단씩 오를 수 있다. 총 계단수가 20개일 때 오를 수 있는 모든 경우를 출력한다.

과제 3: 자연수 덧셈 분해하기(동전 지불 유사문제)

$5 = 4 + 1$

$5 = 3 + 2$

$5 = 3 + 1 + 1$

$5 = 2 + 2 + 1$

$5 = 2 + 1 + 1 + 1$

$5 = 1 + 1 + 1 + 1 + 1$

과제 4: 제곱수로 분해하기(동전 지불 유사문제)

제곱수: $1^2 = 1$, $2^2 = 4$, $3^2 = 9$, $4^2 = 16$ ······

예) 10을 제곱수로 분해하기

$10 = 9 + 1$

$10 = 4 + 4 + 1 + 1$

$10 = 4 + 1 + 1 + 1 + 1 + 1 + 1$

$10 = 1 + 1 + 1 + 1 + 1 + 1 + 1 + 1 + 1 + 1$

6) 하노이 탑(Tower of Hanoi)

아래의 그림처럼 3개의 막대가 있다. 1번 막대의 중앙에 구멍이 뚫린 n개의 원판이 크기순으로 쌓여 있다. 이것을 1개씩 이동시켜 2번 막대로 옮긴다. 단, 이동 중에 큰 원판을 작은 원판 위에 올려놓을 수 없고, 3번 막대는 작업용으로 사용한다.

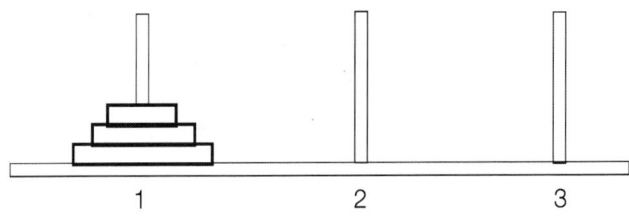

☞ **분석**

1. 1개의 원판을 옮겨 보자.

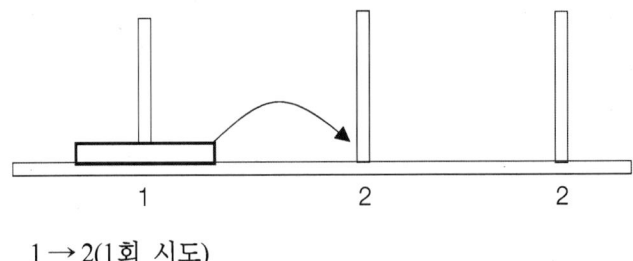

1 → 2(1회 시도)

2. 2개의 원판을 옮겨 보자.

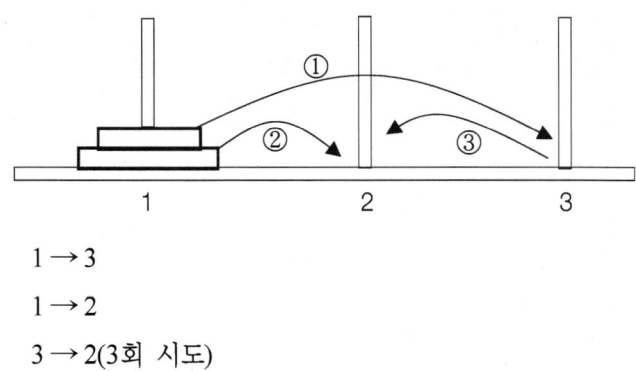

$1 \rightarrow 3$

$1 \rightarrow 2$

$3 \rightarrow 2$(3회 시도)

이것이 하노이 탑의 기본 조작이다.

원판이 3개인 경우는 어떻게 처리하면 되는가?

1번 원판의 2개의 원판을 하나의 묶음으로 보면

1번 막대의 2개(n−1개) 원판→3번 막대로 이동(2개 이동 시 3회)

1번 막대의 맨 아래 원판→2번 막대로 이동(1개 이동 시 1회)

3번 막대의 2개(n−1개) 원판→2번 막대로 이동(2개 이동 시 3회)

총 7회

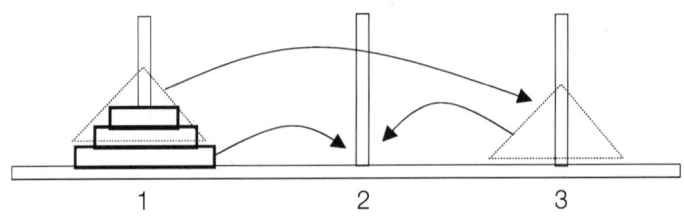

3개의 원판을 1 → 2로 옮긴다.

2개의 원판을 1→3으로 옮긴다(출발막대에서 임시막대로). ─재귀호출
　　　1개의 원판을 1→2로 옮긴다(출발막대에서 임시막대로). ①
　　　1개의 원판을 1→3으로 옮긴다(출발막대에서 목표막대로). ②
　　　1개의 원판을 2→3으로 옮긴다(임시막대에서 목표막대로). ③
　　　1개의 원판을 1→2로 옮긴다(출발막대에서 목표막대로). ④
2개의 원판을 3→2로 옮긴다(임시막대에서 출발막대로). ─재귀호출
　　　1개의 원판을 3→1로 옮긴다(출발막대에서 임시막대로). ⑤
　　　1개의 원판을 3→2로 옮긴다(출발막대에서 목표막대로). ⑥
　　　1개의 원판을 1→2로 옮긴다(임시막대에서 목표막대로). ⑦

☞ **최종분석**

1. 종료조건: 움직일 원판이 없을 때
2. 위에서처럼 재귀호출은 두 번 이루어짐
3. **원판의 개수, 출발막대, 목표막대, 임시막대**는 매개변수로 설정해야
　　한다.

이전 상태로 돌아갔을 때 반드시 4가지 사항이 다음 호출 때 중요
한 요소로 사용됨을 위의 설명을 보면 알 수 있다.

```
Sub hanoi(n As Integer, start As Integer, arrive As Integer, temp
as Integer)
    If n>0 Then
        Call hanoi(n-1, start, temp, arrive)
        Print start;  "->" ; arrive
        Call hanoi(n-1, temp, arrive, start)
    End if
End sub
Sub main
    Call hanoi(3, 1, 2, 3)
End Sub
```

과제 1: 옮기려고 하는 원판의 개수와 이동 횟수와는 어떤 관계가 있는가?

과제 2: 원판의 개수가 64개라 하고 1개를 옮기는 데 1초라고 가정하면 얼마나 걸릴까?

과제 3: 하노이 탑을 해결하는 다른 방법은 없을까?

7) 미로 찾기

입구 →	0	0	0	0	0
	0	1	0	1	0
	0	0	1	0	1
	1	0	1	0	1
	0	0	0	0	0 → 출구

문제를 쉽게 해결하기 위해서는(탐색과정에서 바깥쪽으로 나가는 것을 방지하기 위해서) 모두 벽으로 에워싸는 것으로 한다(**보조: 아래에서 2가 기억된 부분**).

	0	1	2	3	4	5	6
0	2	2	2	2	2	2	2
1	2 →	0	0	0	0	0	2
2	2	0	1	0	1	0	2
3	2	0	0	1	0	1	2
4	2	1	0	1	0	1	2
5	2	0	0	0	0	0 →	2
6	2	2	2	2	2	2	2

0이 기억되어 있으면 통과 가능한 것으로 한다.

행을 i로 열을 j로 하면 **현재 위치**는 (i, j)로 나타낼 수 있고 현 위치에서 **4방향**으로 나아갈 수 있는지 판단한다. ↑ 매개변수로 설정 (행 값, 열 값)

또한 한 번 **통과한 위치는 다시 시도하지 않도록** 배열 요소에 2를 기억
한다. 그리고 출구에 도착을 하면 더 이상 탐색할 곳이 있다 하더라
도 재귀호출을 중단한다(**종료조건**).

```
Sub miro(r As Integer, c As Integer)
  m(r, c) = 2
  If r = 5 And c = 5 Then flag = 1 ← 종료조건
  If flag = 0 And m(r−1, c) = 0 Then Call miro(r−1, c) ← 상
  If flag − 0 And m(r+1, c) = 0 Then Call miro(r+1, c) ← 하
  If flag = 0 And m(r, c−1) = 0 Then Call miro(r, c−1) ← 좌
  If flag = 0 And m(r, c+1) = 0 Then Call miro(r, c+1) ← 우
  If flag = 1 Then Print r; c ← 경로 출력
End Sub
Sub main
  Call miro(1, 1)
End Sub
```

**과제 1: 위 프로그램을 실행하면 출구까지의 경로가 역으로 출력
이 된다. 그 이유를 설명하라.**

**과제 2: 그렇다면 정상 순서로(출발지 → 도착지까지) 출력하려면 어
떻게 해야 할 것인가 분석하고 프로그래밍하라.**

과제 3: 만약 다음과 같이 출구까지 가는 경우가 여러 개 존재하는 경우 모두 경로를 출력하려면 어떻게 해야 할지 분석하고 프로그래밍하라.

0	0	0	0	0	0	0
0	1	1	0	1	1	0
0	1	0	0	1	0	0
0	1	0	1	0	1	0
0	0	0	0	0	1	0
1	0	1	1	0	1	1
0	0	0	0	0	0	0

8) 순열 (n개의 숫자를 사용하여 n자리의 순열을 만든다)

순열: 순서를 고려하고 나열하는 경우(조합은 순서를 고려하지 않고 나열하는 경우)

예를 들어 1, 2, 3을 열거하는 방법은

1 2 3, 1 3 2, 2 1 3, 2 3 1, 3 1 2, 3 2 1**(3! = 6가지)**

만약 조합으로 세 가지 숫자를 세 자리로 만드는 경우는 1가지뿐이다.

(순서가 달라도 같은 것으로 취급한다.)

☞ **문제 분석**

| 1 | 2 | 3 | 1과 1을 교환해서 생기는 1, 2, 3 중의 2, 3 순열 문제로 분해

| 2 | 1 | 3 | 1과 2를 교환해서 생기는 2, 1, 3 중의 1, 3 순열 문제로 분해

| 3 | 2 | 1 | 1과 3을 교환해서 생기는 3, 2, 1 중의 2, 1 순열 문제로 분해

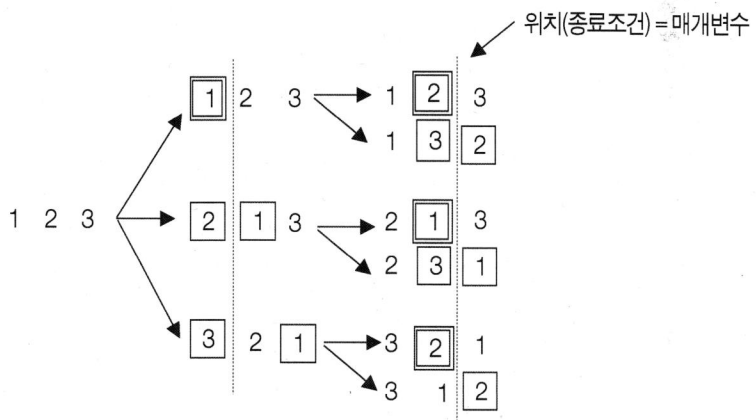

위치(종료조건) = 매개변수

```
Dim m(3) As Integer
Sub perm(w As Integer)
  If w < 3 Then
    For i = w To 3
      t = m(w): m(w) = m(i): m(i) = t
      Call perm(w+1)
      t = m(w): m(w) = m(i): m(i) = t
    Next
  Else
    For i = 1 To 3
      Print m(i);
    Next
    Print
  End If
End Sub

Sub main( )
  For i = 1 To 3
    m(i) = i
  Next
  Call Perm(1)
End Sub
```

과제: 위 프로그램을 실행해 보면 사전식 순서(가, 나, 다, …… 1, 2, 3)로 출력되지 않는다. 사전식 출력을 하기 위해서는 어떻게 하면 되는지 분석을 하고 프로그래밍하라.

9) 바둑에서 둘러싸인 돌 제거하기(9*9 바둑판)

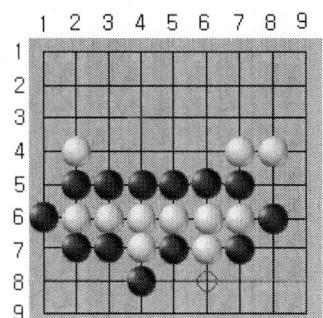

위의 그림을 배열로 옮기면 다음과 같다(흑: 1 백: 2)

	1	2	3	4	5	6	7	8	9
1	0	0	0	0	0	0	0	0	0
2	0	0	0	0	0	0	0	0	0
3	0	0	0	0	0	0	0	0	0
4	0	2	0	0	0	0	2	2	0
5	0	1	1	1	1	1	1	0	0
6	1	2	2	2	2	2	2	1	0
7	0	1	1	2	1	2	1	0	0
8	0	0	0	1	0	0	0	0	0
9	0	0	0	0	0	0	0	0	0

여기서 마지막 돌이 놓인 위치인 8행 6열을 기준하여 **따낼 수 있는 돌을 판별**한다.

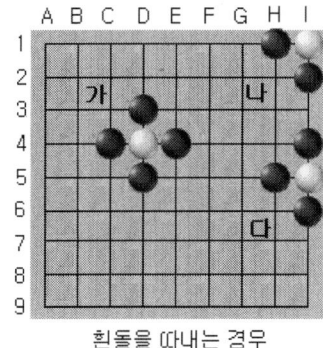

흰돌을 따내는 경우

바둑에서 따낼 수 있는 조건이 다양하다. 다음을 보자.

"가"의 경우는 일반적인 경우이지만 "나"의 경우와 "다"의 경우는
상태가 좀 다르다. 가, 나, 다 모든 경우를 표준화된 상태로 처리할
수 있어야 한다. 그렇다면 경계선에 **보초를 세워 보면 어떨까?** 보초의
값은 1과 2를 비교할 수 있는 3으로 기억하도록 한다.

보조를 세운 후의 배열 모습

	0	1	2	3	4	5	6	7	8	9	10
0	3	3	3	3	3	3	3	3	3	3	3
1	3	0	0	0	0	0	0	0	0	0	3
2	3	0	0	0	0	0	0	0	0	0	3
3	3	0	0	0	0	0	0	0	0	0	3
4	3	0	2	0	0	0	0	2	2	0	3
5	3	0	1	1	1	1	1	1	0	0	3
6	3	1	2	2	2	2	2	2	1	0	3
7	3	0	1	1	2	1	2	1	0	0	3
8	3	0	0	0	1	0	0	0	0	0	3
9	3	0	0	0	0	0	0	0	0	0	3
10	3	3	3	3	3	3	3	3	3	3	3

☞ **분석**

1. 8행 6열에 흑돌을 놓으면 그 값은 1이 된다.
2. 8행 6열 주변에 있는 2를 기준으로 **상 / 하 / 좌 / 우 방향으로 0이 존재하지 않으면 들러싸인 것이다.**

여기에서 인접된 2를 모두 검색해야 하는데 이때 새귀호출이 필요하다.

0	0	0	0	0	0	0	0	0
0	0	0	0	0	0	0	0	0
0	0	0	0	0	0	0	0	0
0	2	0	0	0	0	2	2	0
0	1	1	1	1	1	1	0	0
1	2	2	2	2	2	2	1	0
0	1	1	2	1	2	1	0	0
0	0	0	1	0	1	0	0	0
0	0	0	0	0	0	0	0	0

3. 위치 이동을 하면서 검색해 나가야 하므로 위치 값(행, 열 값)
   은 **매개변수로 지정**해야 한다.
4. 만약 재귀호출하는 과정에 **4방향 중에 0이 존재한다면** 지금까지 인
   접된 2는 전체가 둘러싸여 있지 않기 때문에 원상태로 돌려놓
   아야 한다.
5. 4방향 체크는 전에 배웠던 방향성을 이용하기로 한다.

```
Sub baduk(rr As Integer, cc As Integer)
    a(rr, cc) = 9
    For i = 1 To 4 ← 주변 4방향 check
    If a(rr + b(i, 1), cc + b(i, 2)) = 0 Then flag = 1 ← 0이 존재하면 따
낼 수 없다.
    Next
    If flag = 0 Then
```

```
For i = 1 To 4
If a(rr + b(i, 1), cc + b(i, 2)) = 2 Then Call baduk(rr + b(i, 1), cc
+ b(i, 2))
Next
End If

End Sub


Sub conv()
  For i = 1 To 9
  For j = 1 To 9
  If a(i, j) = 9 Then a(i, j) = 2
  Next
  Next
End Sub


Sub main()
  b(1, 1) = −1: b(1, 2) = 0   ← 상
  b(2, 1) = 1: b(2, 2) = 0    ← 하
  b(3, 1) = 0: b(3, 2) = −1   ← 좌
  b(4, 1) = 0: b(4, 2) = 1    ← 우
  r = 8: c = 6                ← 마지막으로 흑돌을 놓은 위치
  a(r, c) = 1                 ← 흑돌을 놓음
  For i = 1 To 4
```

```
    If  a(r + b(i,  1),  c + b(i,  2)) = 2  Then
    flag = 0
    Call  baduk(r + b(i,  1),  c + b(i,  2))← 재귀호출
    If  flag = 1  Then  Call  conv← 따낼 수 없으므로 원상태로
    End  If
    Next
End  Sub
```

과제 1: 번갈아 가면서 돌을 놓고 그때그때 돌을 따낼 수 있으면 따내고 흑돌/백돌 각각 몇 개를 따냈는지 화면에 출력하는 프로그램을 작성해 보자(실제 바둑 두는 것처럼).

11. 정렬(Sort)

☞ 대표적인 내부 정렬

	정렬법	특 징	계산량
기본형	기본 교환법 (버블 정렬)	인접하는 2항을 차례대로 교환한다. 원리는 간단하지만 교환 횟수가 많다.	$O(n^2)$
	기본 선택법 (선택 정렬)	수열에서 최대(최소)를 탐색하는 것을 반복한다. 비교 횟수는 많지만 교환 횟수는 적다.	
	기본 삽입법 (삽입 정렬)	정렬된 부분 수열에 대하여 해당 항을 적절한 위치로 삽입하는 것을 반복한다.	
개량형	개량 교환법 (퀵 정렬)	수열의 요소를 하나씩 뽑아내고 그것이 수열 중에서 몇 번째로 되는지 그 위치를 구한다.	$O(nlog2n)$
	개량 선택법 (힙 정렬)	수열을 힙 구조(Heap Tree)로 하여 정렬한다.	
	개량 삽입법 (셸 정렬)	수열을 공백(gap)이 있는 여러 개의 부분 수열로 나누고 그 각각을 기본 삽입법으로 정렬한다.	$O(n^{1.2})$

　　정렬에 필요한 시간은 **비교 횟수**와 **교환 횟수**에 의해 대개 결정된다. 이 횟수는 정렬하는 수열의 **데이터가 어떻게 나열되어 있는가에 따라 다르다**(거의 오름차순으로 정렬이 되어 있는 경우, 거의 내림차순으로 정렬이 되어 있는 경우, 무작위 수열인 경우). 따라서 정렬 시간을 일률적으로 논하는 것은 가능하지 않지만 기본형과 개량형에서는 데이터 수가 많게 되었을 때 압도적인 차이가 생긴다. 다음을 보자.

수열의 길이가 n인 경우 기본 정렬법에서는 n^2배가 되는 것에 비해서 셸 정렬에서는 $n^{1.2}$배, 퀵 정렬이나 힙 정렬에서는 $nlog2n$배가 된다.

예를 들어 $n = 10^6$일 경우 $n^2 = 10^{12}$, $n^{1.2} \fallingdotseq 2*10^7$, $nlog2n \fallingdotseq 2*10^7$이 되고 기본형은 개량형에 비해 50,000배 이상의 차이가 생긴다.

☞ **여기서 잠깐!**

계산량을 나타내는 것으로 $O(n^2)$, $O(nlog2n)$, $O(n^{1.2})$라는 표현을 사용한다. 이것을 **빅-O 표기법(Big-O notation)**이라고 부른다. $O(n^2)$은 데이터 수가 n이면 계산량은 n^2배가 되는 것을 나타낸다.

1) 기본 선택법에 의한 정렬(Selection Sort)

☞ **기본 원리**

부분 수열 $a_i \sim a_n$ 중에서 **최소항**을 탐색하고 그것과 a_i를 교환하는 것을 부분 수열 $a_1 \sim a_n$부터 시작하여 부분 수열이 a_n이 될 때까지 반복한다.

항　　1　2　3　　　　n

위 그림을 알고리즘으로 기술하면 다음과 같다.

1. 기준 항 i를 1에서 n−1까지 이동하면서 다음을 반복한다.

1) 기준 항에 최솟값의 초기 값을 부여한다. 최소항의 위치(s)를 i 로 설정

2) 기준 항 +1부터 n항에 대하여 다음을 반복한다.

(1) 최소항을 탐색하고 그 항 번호 s를 구한다.

3) i항 값과 s항의 값을 서로 바꾼다.

※ 1), 2) 부분에 이해가 되지 않으면 최댓값 / 최솟값 구하기(p.23 : *조판 후 책 페이지로 교체할 것)를 참고하라.

과제 1: 위 그림과 알고리즘을 참고로 하여 기본 선택 정렬의 순서도를 작성해 보자.

2) 기본 선택법의 변형

위의 방법에서 최소항을 찾는 부분에 다소 어려움이 있다(최소항의 위치, 최솟값 두 가지 처리에 모두 신경을 써야 한다).

그래서 기본 선택법의 반복 형태를 그대로 유지하면서 순서가 바뀐 위치끼리 서로 바꾸는 형태로 변형해 보도록 하자.→교환법 형태가 된다.

위치	1	2	3	4	5	6
데이터	80	50	56	30	51	70

1) 1단계

1항과 2항 비교: 값 교환   50 | 80   56   30   51   70

1항과 3항 비교: 유지

1항과 4항 비교: 값 교환   30 | 80   56   50   51   70

1항과 5항 비교: 유지

1항과 6항 비교: 유지

2) 2단계

2항과 3항 비교: 값 교환   30   56 | 80   50   51   70

2항과 4항 비교: 값 교환   30   50 | 80   56   51   70

2항과 5항 비교: 유지

2항과 6항 비교: 유지

3) 3단계

3항과 4항 비교: 값 교환   30   50   56 ┊ 80   51   70

3항과 5항 비교: 값 교환   30   50   51 ┊ 80   56   70

3항과 6항 비교: 유지

4) 4단계

4항과 5항 비교: 값 교환   30   50   51   56 ┊ 80   70

4항과 6항 비교: 유지

4) 5단계

5항과 6항 비교: 값 교환   30   50   51   56   70 ┊ 80

비교 형태를 그림으로 표현하면 다음과 같다.

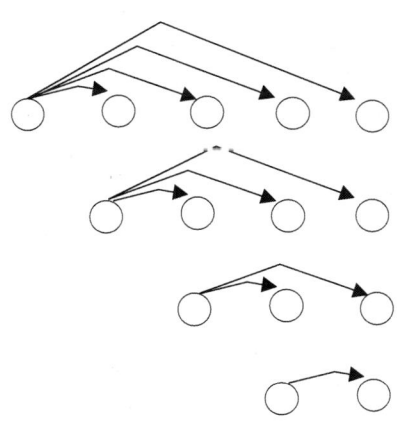

과제 1: 기본 선택법의 변형을 순서도로 표현해 보자.

과제 2: 기본 선택법과 기본 선택법의 변형을 서로 비교해 보자(정렬에서 중요한 교환, 비교 관점에서).

3) 기본 교환법(거품 정렬 = 버블 정렬; Bubble Sort)

인접하는 두 항을 비교하여 아래 항(뒤항)이 위항(앞항)보다 작으면 두 항을 교환하는 일을 반복한다. 이것은 마치 작은 항이 거품(Bubble)같이 위로 올라가는 모습과 유사하기 때문에 버블 정렬이라고 한다.

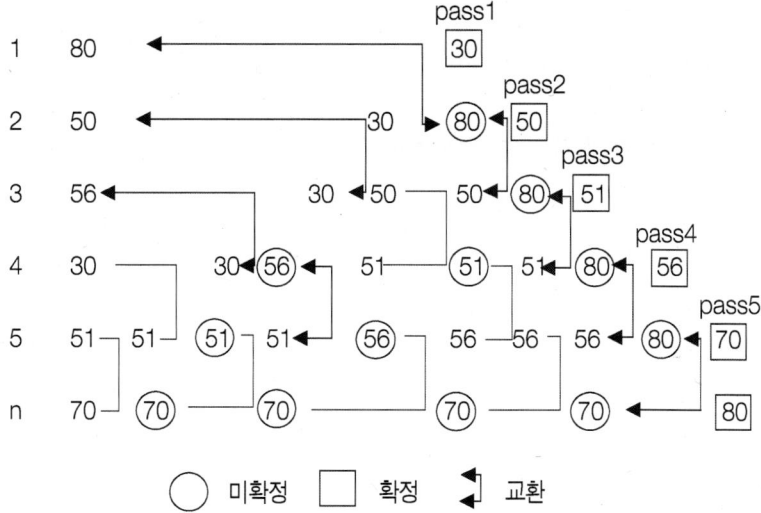

위의 그림에서 pass1에 대하여 설명하면

1) 51과 70을 비교 → 뒤쪽이 크기 때문에 교환하지 않는다.

2) 30과 51을 비교 → 뒤쪽이 크기 때문에 교환하지 않는다.

3) 56과 30을 비교 → 뒤쪽이 작기 때문에 교환한다.

4) 50과 30을 비교 → 뒤쪽이 작기 때문에 교환한다.

   원래는 50과 56을 비교해야 하지만 3) 교환이 일어났기 때문에
   작은 물방울(30)이 위로 올라감.

5) 80과 30을 비교 → 뒤쪽이 작기 때문에 교환한다.

   가장 작은 물방울(30)이 가장 위로 올라갔기 때문에 제1항은 30
   으로 확정한다.

이것을 pass2~pass5(n − 1)까지 반복하면 정렬이 완료된다. 각 패스의 비교 횟수는 패스가 진행됨에 따라 1회씩 감소한다.

과제 1: 버블 정렬을 순서도로 표현해 보자.

과제 2: 기준이 위 예처럼 뒤(아래)에서 앞(위)으로 이동하지 않고 위에서 아래로 이동하는 형태로 정렬할 수 있다(가장 큰 물방울이 아래로 내려가는 형태). 이를 순서도로 표현해 보자.

과제 3: 버블 정렬에서는 선택 정렬과 달리 정렬과정 중에 정렬이 완료되었을 때 작업 중단을 할 수 있다. 어떻게 가능한지를 설명해 보자.

과제 4: 아래(뒤) → 위(앞) 또는 위(앞) → 아래(뒤) 형태 두 가지 모두 가능하다는 것을 과제 2를 통해서 알 수 있었다. 이 두 가지를 동시에 처리하는 버블 정렬의 변형이 있는데, 이를 세이크 정렬이라 한다. 세이크 정렬에 대해서 조사 / 분석해 보자.

4) 기본 삽입법(Insertion Sort)

☞ 기본 삽입법의 원리

수열 $a_1 \sim a_n$에서 기준위치 a_i가 이미 정렬된 부분 수열(앞부분) $a_1 \sim a_{i-1}$의 어느 위치에 들어가는가를 조사하여 그 위치에 삽입하는 것이다. 여기서 기준이 되는 i는 $2 \sim n$까지 반복하면 된다(1은 삽입하지 않아도 된다. = 앞부분이 없으니까.).

a_i가 부분 수열의 어디에 들어가는지는 부분 수열의 오른쪽 끝 a_{i-1}에서 시작하여 a_i가 부분수열의 항보다 작은 구간을 찾을 때까지 혹은 처음 위치에 도달할 때까지 반복한다.

예를 들어 보자.

80, 50, 56, 30, 51, 71을 정렬하는 과정에서 51을 기준으로 삽입하는 예를 보면 이미 51 이전 값은 정렬이 되어 있을 테니까 30, 50, 56, 80의 부분 수열에서 51이 위치할 곳을 찾는다.

1) 80과 비교=51이 80보다 작기 때문에 교환한다.
2) 56과 비교=51이 56보다 작기 때문에 교환한다.
3) 50과 비교=51이 크기 때문에 51은 정확한 위치에 삽입이 되었다. - 삽입 종료

과제 1: 삽입 정렬을 순서도로 표현해 보자.

과제 2: 위의 예에서는 삽입과정 중에 자주 교환이 일어난다. 삽입할 위치를 찾고 그 위치 에 기준 값을 넣는다면 교환 횟수가 감소하게 되어 효율적이 될 수 있다. 이를 순서도로 표현해 보자.

5) 힙 정렬(Heap Sort)

트리(Tree)에 대한 자세한 설명은 14장에서 설명하기로 하고 여기서는 트리 형태를 배열에 기억하는 방법과 힙 트리의 정의를 통해서 어떻게 정렬되는지에 대한 과정을 익히는 데 중점을 둔다.

☞ **배열에 기억하는 방법**

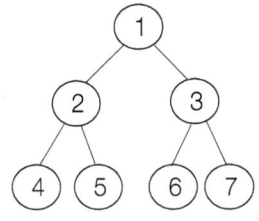

위 그림에서 숫자는 배열에 기억시킬 배열 첨자를 의미한다.

이렇게 기억했을 때 아버지와 아들과의 관계를 배열 위치에 따라서 알 수 있게 된다.

   왼쪽 아들＝아버지 *2(3의 왼쪽 아들은 6이다.)
   오른쪽 아들＝아버지 *2＋1(3의 오른쪽 아들은 7이다.)
   아버지＝int(왼쪽 아들 / 2) 또는 int(오른쪽 아들 / 2)

☞ **힙(퇴적물) 트리의 정의**

최소 힙: 아버지〈아들   최대 힙: 아버지〉아들

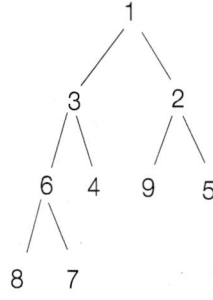   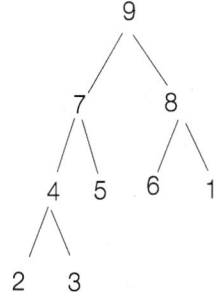

힙 정렬을 크게 둘로 나누면
1. 초기 힙을 만든다.
2. 교환과 분리로 깨진 힙을 정상적인 힙으로 바로잡는다.

☞ **초기의 최소 힙 만들기**
1. 아들을 가진 마지막 아버지에서 시작하여 뿌리까지 다음을 반복
   한다.
1) 아버지가 아들보다 크면 두 아들 중의 작은 것과 아버지를 교

환한다.

교환한 아들을 새로운 아버지로 삼아 아버지<아들 관계를 만족시
킬 때까지 **하향 루프**에 대하여 같은 처리를 반복한다.

구체적인 예를 들어 보자.

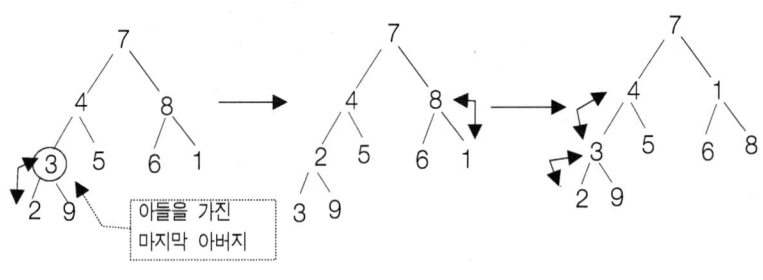

아들을 가진
마지막 아버지

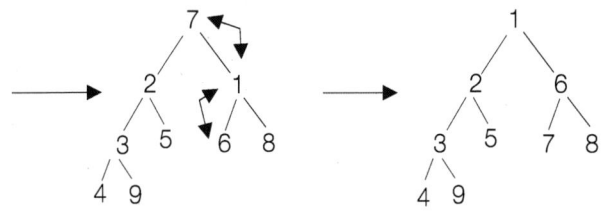

아버지의 위치를 p라 하면, 왼쪽 아들 위치 s는 2*p, 오른쪽 아들
의 위치는 s+1이 된다. 여기에서 왼쪽 아들과 오른쪽 아들을 비교하
여 왼쪽 아들이 작으면 s를 그대로 두고 오른쪽 아들이 작으면 s+1
한다. 이렇게 하여 s 위치의 아들이 아버지와 교환할 후보가 된다.
단, 힙의 마지막이 왼쪽 아들인 경우(s=n)가 있기 때문에, 이 경우는
왼쪽 아들을 교환 후보로 삼는다.

과제 1: 초기 힙 작성과정을 순서도로 표현해 보자.

과제 2: 최대 힙으로 표현하는 방법도 연구해 보자.

☞ 교환과 분리로 깨진 힙을 정상적인 힙으로 바로잡으면서 내림차순
  으로 정렬한다.

구체적인 예를 들어 보자.

뿌리와 마지막요소 교환

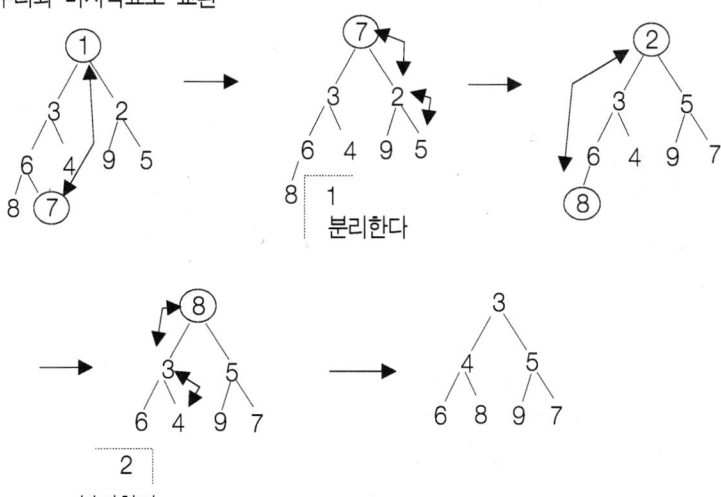

위 과정을 정리하면 다음과 같다.

1. n개의 힙 데이터가 있을 때 뿌리의 값은 최솟값이므로 (최소 힙)이 뿌리와 마지막 요소를 교환하여 마지막 요소를 분리한다.

2. 그러면 n−1개의 힙이 구성되는데, 뿌리 데이터가 힙 조건을 만족시키지 못한다. 그곳에서 뿌리 데이터를 하향 이동하여(초기 힙을 만든 과정처럼) 올바른 힙을 만든다.

3. n−1개의 힙에 대하여 뿌리와 최후의 요소(n−1)를 교환하여 최후 요소를 분리한다.

이상을 반복하면 n, n−1, n−2, ……의 작은 순서대로 데이터가 확정되면서 힙 크기가 하나씩 줄어 마지막으로 정렬이 종료된다.

과제 1: 위에서 제시한 방법으로 정렬하기 위한 순서도를 완성해 보자.

과제 2: 오름차순 정렬로 하려면 어떻게 해야 하는지 연구하고 순서도를 완성해 보자.

6) 퀵 정렬(Quick Sort)

☞ **퀵 정렬의 원리**

수열 중의 적당한 값(이것을 "축"이라고 한다.)을 기준 값으로 하

여 그것보다 **작거나 같은 것을 왼쪽, 크거나 같을 것을 오른쪽**에 열거하여
바꾼다. 이렇게 하여 생긴 왼쪽 부분 열과 오른쪽 부분 열에 대하여
같은 일을 반복한다(**재귀호출**). 여기에서는 간단하게 하기 위하여 축을
수열의 왼쪽 끝으로 한다.

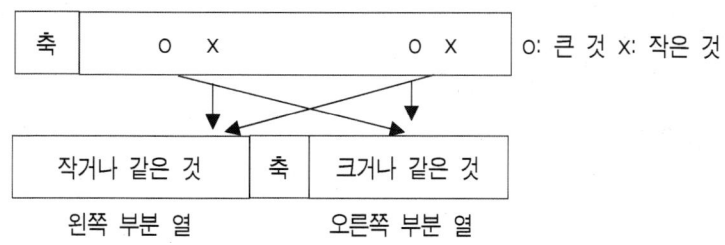

**위의 그림과 같이 왼쪽 부분 열과 오른쪽 부분 열로 만드는 알고리즘
은 다음과 같다.**

(왼쪽부터 오른쪽으로 스캔하여 가는 변수를 i, 오른쪽부터 왼쪽으
로 스캔하는 변수를 j라고 한다.)

1. i를 수열의 왼쪽 끝 +1, j를 오른쪽 끝 값을 설정한다.
2. 수열을 오른쪽으로 스캔할 때 축 이상의 것이 있는 위치 i를 찾
   는다.
3. 수열을 왼쪽으로 스캔할 때 축 이하의 것이 있는 위치 j를 찾는다.
4. i항과 j항을 교환한다.
5. i>=j이면 루프를 빠져나온다. 아니면 2∼4회 반복
6. 왼쪽 끝의 축과 j를 교환한다.

구체적인 예를 들어 보자.

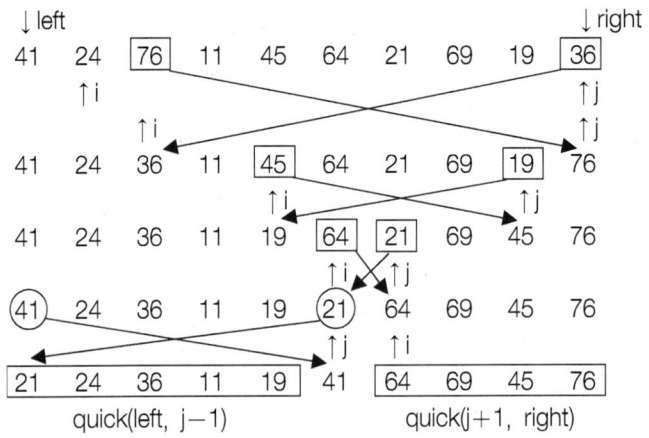

quick(left, j−1)   quick(j+1, right)

과제 1: 퀵 소트를 순서도를 이용하여 표현해 보자.

과제 2: 축을 중앙으로 설정할 때 어떻게 하면 되는지 연구하고 프로그램을 작성해 보자.

7) 셸 정렬(Shell Sort)

수열을 갭(gap)이 있는 몇 개의 부분 수열로 나누어 그 각각을 기본 삽입법으로 정렬한다. 부분 수열을 대강 정렬하여, 부분 수열을 전체 수열로 수렴시켜(gap＝1) 최종적인 정렬이 완료된다. 결국 gap

＝1의 기본 삽입법을 적용하기 전에 작은 요소는 앞에, 큰 요소는 뒤에 오도록 대강 정리하여 비교와 교환 횟수를 줄이는 것이 셸 정렬이다(Shell이 고안한 방법). gap의 결정은 단순히 gap을 절반으로 나누는 방법을 설명하기로 한다.

다음 예를 보자.

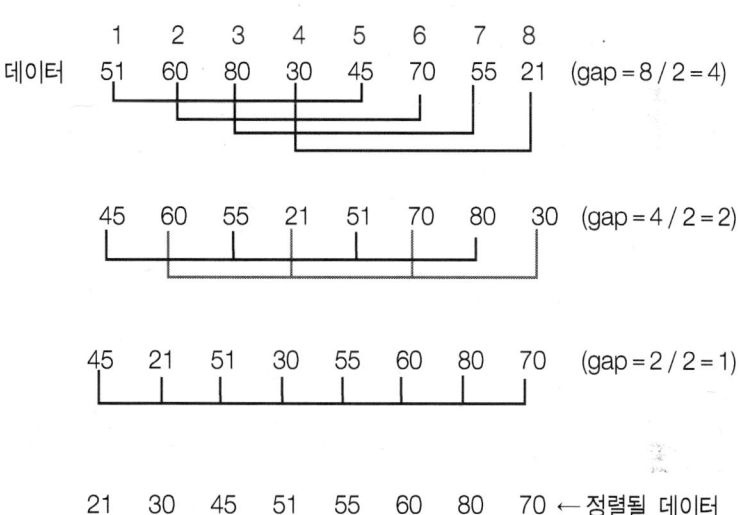

과제 1: 위에서 설명한 셸 정렬을 순서도로 표현해 보자.

과제 2: gap 설정의 효과적인 방법을 이용하여 셸 정렬을 해 보자.

$h_n = 3*h_{n-1} + 1$, $h_1 = 1$

즉, 1, 4, 13, 40, 121, 364, ······ (Robert Sedgewick)

과제 3: 기본 삽입법에 비해서 어떤 면이 향상되었는지 설명해 보자.

12. 탐 색

1) 순차 탐색

배열에 들어 있는 데이터를 앞에서부터 하나씩 순서대로 조사하여 찾아내면 거기에서 탐색을 중지하는 단순한 탐색 방법이다. 정렬이 안 된 데이터를 검색하는 데 알맞다.

과제 1: 순차 탐색을 순서도로 표현해 보자.

2) 이진 탐색(이분 탐색)

데이터가 정렬되어 작은 순서(또는 큰 순서)로 열거되어 있을 때 유효한 탐색법이다. 데이터가 존재하는 범위의 중간 값으로 이분하여 왼쪽(위쪽)에 있는지 오른쪽(아래쪽)에 있는지를 판단한 후 한쪽만을 대상으로 같은 방식으로 반복한다.

다음은 데이터 50을 2진 탐색하는 경우이다.

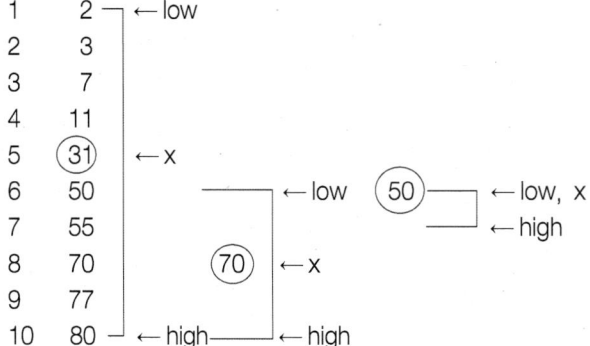

탐색 범위의 하한을 low, 상한을 high로 하고 $x = int((\log + high) / 2)$의 위치 데이터와 키(탐색할 데이터)를 비교한다.

만약 키가 크면 키 위치는 x보다 아래(오른쪽)에 있을 것이므로 $low = x + 1$한다. 반대로 키가 작으면 키 위치가 x보다 위(왼쪽)에 있을 것이기 때문에 $high = x - 1$한다.

이것을 **low<=high 동안 반복**한다.

위 데이터에 대하여 실제로 이진 탐색을 하여 본다.

1) low = 1, high = 10, $x = (1 + 10) / 2 = 5$가 되고 5번째 데이터 31과 탐색 데이터 50을 비교하면 50이 크기 때문에 $low = 5 + 1 = 6$이 된다.

2) low = 6, high = 10, $x = (6 + 10) / 2 = 8$이 되고 8번째 데이터 70과 탐색 데이터 50을 비교하면 50이 작기 때문에 $high = 8 - 1 = 7$이 된다.

3) low＝6, high＝7, x＝(6＋7)/2＝6가 되고 6번째 데이터 50과
   탐색 데이터 50을 비교하면 여기서 데이터가 탐색된다(**탐색 종료**).

결국, 이진 탐색에서는 탐색하는 데이터 범위를 절반으로 나누어,
키가 어느 쪽 절반에 있는가를 조사하는 일을 반복하고, 조사하는 범
위를 키로 향하게 점점 좁혀 간다.

만약 키가 발견되지 않으면 low와 high가 역전되어 **low>high가 되었**
을 때 종료된다.

즉, 반복조건과 반대조건이 된다.

과제 1: 이진 탐색을 순서도로 표현해 보자.

과제 2: 데이터가 100개 있을 때 최악인 경우 몇 번 만에 데이터
를 찾겠는가?

과제 3: 정렬된 데이터를 기준으로 탐색하는 검색법에는 그 밖에
도 몇 가지가 있다. 어떤 방법이 있는지 조사하고 설명해 보자.

3) 직접 탐색(해싱)

순차 탐색(O(N))이나 이분 탐색(log2N)은 자료 수 N이 커짐에 따

라 평균 검색 길이도 길어진다. 해시 검색법은 자료 수 N에 관계없이 상수의 검색 길이를 가지는 매우 빠른 검색방법이다.

해시 검색법은 우체국에서 편지를 다루는 것과 흡사하다. 편지에는 주소와 우편번호가 적힌다. 이 편지들은 우체국에 모여서 분류가 되는데 우체국 직원이 우편번호에 적힌 대로 각 통(Bucket)에 넣는다. 이 경우 주소는 키(key)가 되며 우편번호는 해시 값(hash value)이 된다. 또한 편지를 집어넣는 통들의 집합을 해시 테이블(hash table)이라고 한다. 각 통에 들어갈 수 있는 편지의 개수를 슬롯(slot)의 개수라 생각하면 된다.

키를 해시 값으로 바꾸어 주는 함수를 **해시 함수**라 하고 해시 검색법의 성능은 바로 해시 함수를 어떻게 잘 선택하느냐에 좌우되는 경우가 많다. 해시 함수는 쉽게 말해서 **키 값을 해시 함수에 넣어 얻어진 해시 값의 위치에 레코드를 저장**하는 방법을 말한다. 해시 검색법은 이상적인 경우 한 번의 계산으로 삽입, 삭제, 그리고 검색할 수 있다.

키 값 ──── 해시 함수 ────▶ 해시 값(저장 위치)

☞ **해시 함수의 작성법**

가장 좋은 해시 함수는 평균적인 입력에 대해서 해시 값의 분포가 가장 고른 것이 된다.

1. 나머지를 이용하는 방법

M으로 나눈 나머지: $0 \sim M-1$의 분포를 가진다.

일반적으로 M은 소수(Prime Number)를 사용하는 것이 좋다.

2. 거듭제곱 방법

키 값을 제곱 혹은 세제곱하면 구성하는 비트의 형태가 확연히 달리지게 되므로 함수분포를 고르게 하기 위해서 많이 사용된다.

3. 키를 쪼개고 합치는 방법

긴 비트열로 구성된 키를 부분만 선택하고 AND, OR, XOR 연산 등으로 결합하는 방법으로 해시 함수를 구성하는 방법이다.

4. 합성법: 거듭제곱＋쪼개고 합치는 방법＋나머지

☞ 선형 탐사법

자료의 변동이 별로 없는 정적인 구조에 적합하다.

만일 삽입하려는 키의 해시 값에 의한 버킷에 이미 다른 레코드가 들어 있다면 단순히 다음의 버킷에 새로운 레코드를 기입하는 방법이다. 만일 다음 버킷도 다른 레코드가 들어 있다면 그 다음 버킷을 찾는 과정을 반복한다.

1. 선형 탐사법－삽입 알고리즘

1. 삽입할 레코드의 해시 값을 해시 함수를 이용하여 try 계산

2. while(해시 테이블(try)이 비어 있지 않을 동안)

   try＝(try＋1) mod 테이블 크기

3. 해시 테이블(try)에 레코드 기입

위 알고리즘의 예를 보자.

테이블 크기를 10으로 하고 A, C, E, O, F, P, I, K, D, U를 삽입한다.

1. A삽입: $65 \bmod 10 = 5$(**삽입**)

2. C삽입: $67 \bmod 10 = 7$(**삽입**)

3. E삽입: $69 \bmod 10 = 9$(**삽입**)

4. O삽입: $79 \bmod 10 = 9$(이미 레코드 존재 – 충돌)

    $(79 + 1) \bmod 10 = 0$(**삽입**)

5. F삽입: $70 \bmod 10 = 0$(충돌)

    $(70 + 1) \bmod 10 = 1$(**삽입**)

6. P삽입: $80 \bmod 10 = 0$(충돌)

    $(80 + 1) \bmod 10 = 1$(충돌)

    $(80 + 2) \bmod 10 = 2$(**삽입**)

7. I삽입: $73 \bmod 10 = 3$(**삽입**)

8. K삽입: $75 \bmod 10 = 5$(충돌)

    $(75 + 1) \bmod 10 = 6$(**삽입**)

9. D삽입: $68 \% 10 = 8$(**삽입**)

10. U삽입: $85 \bmod 10 = 5$(충돌)

    $(85 + 1) \bmod 10 = 6$(충돌)

    $(85 + 2) \bmod 10 = 7$(충돌)

    $(85 + 3) \bmod 10 = 8$(충돌)

    $(85 + 4) \bmod 10 = 9$(충돌)

    $(85 + 5) \bmod 10 = 0$(충돌)

    $(85 + 6) \bmod 10 = 1$(충돌)

$(85+7)\ \text{mod}\ 10 = 2$(충돌)

$(85+8)\ \text{mod}\ 10 = 3$(충돌)

$(85+9)\ \text{mod}\ 10 = 4$(**삽입**)

2. 선형 탐사법 – 탐색 알고리즘

1. 검색할 키의 해시 값 try를 구한다.

2. while(해시 테이블(try)이 비어 있지 않을 동안)

2 – 1. 해시 테이블(try)이 찾고자 하는 레코드이면 리턴

2 – 2. 아니면 try = (try + 1) mod 테이블 크기

3. 여기까지 오면 찾지 못한 것이므로 실패

과제 1. 선형 탐사법을 프로그램으로 구성해 보자(삽입 / 탐색).

과제 2. 선형 탐사법의 문제점을 제시해 보자.

과제 3. 위의 문제점을 해결할 수 있는 방법을 조사해 보자.

13. 자료구조(Data Structure)

1) 자료구조의 분류

```
┌─ 선형구조 ──┬─ 1. 배열(순차구조)
│            │   2. 연결구조(Linked List)
│            │   Single Linked List
│            │   Double Linked List
│            │   3. 제한조건을 갖는 구조: 입 / 출력이 정해진 위치에서만
│            │      가능하도록제한되어 있다.
│            │   스택(Stack): LIFO(Last In First Out)
│            └─ 큐(Queue): FIFO(First In First Out)
│
└─ 비선형구조 ─┬─ 1. 트리(Tree)
             └─ 2. 그래프(Graph)
```

2) 스택(Stack)

네이너를 아래쪽 부분으로부터 순서대로 쌓아 갈 때 필요에 따라서 윗부분으로부터 끄집어내는 방식(**LIFO: Last In First Out**)의 자료구조를 **스택**이라 한다.

스택은 일반적으로 1차원 배열을 사용하여 실현할 수 있다.

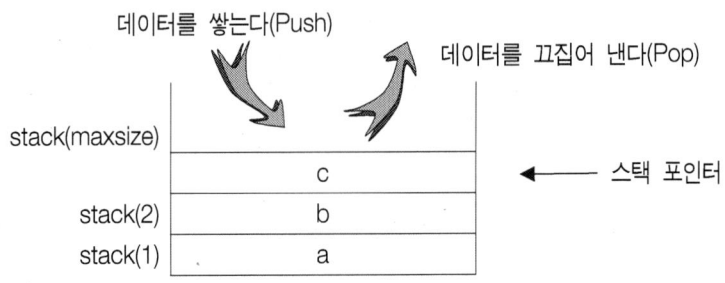

데이터를 스택에 쌓는 동작을 **push**, 끄집어내는 동작을 **pop**이라 한다. 스택 위의 데이터가 어디까지 입력되어 있는가를 스택포인터로 관리한다.

데이터가 스택에 push될 때마다 스택포인터가 +1이 되고, pop할 때는 스택포인터가 -1이 된다.

따라서 스택포인터가 0 상태에서 pop하는 경우 스택은 "**under-flow**"가 되고 스택포인터가 maxsize 상태에서 push하는 경우에는 "**overflow**"가 된다.

☞ 스택의 push 알고리즘
1. 스택포인터＝maxsize가 되면 "overflow" 처리 후 리턴
2. 스택포인터를 증가(＋1)한다.
3. stack(스택포인터) 위치에 데이터를 집어넣는다.

☞ 스택의 pop 알고리즘
1. 스택포인터＝0이 되면 "underflow" 처리 후 리턴

2. 스택포인터 위치의 데이터를 꺼낸다.

3. 스택포인터를 감소(−1)시킨다.

과제: 위의 push와 pop 알고리즘으로 프로그램을 작성해 보자.

(1) 스택의 응용 1 − postfix

수식을

a+b−c*d

와 같이 오퍼랜드(연산 대상이 되는 것) 사이에 연산자를 두고 쓰
는 방법을 **중위법**(infix)이라 부르고 수학에서 일반적으로 사용된다.

이것을

ab+cd*−

와 같이 오퍼랜드 뒤에 연산자를 쓰는 방법을 **후위법(postfix) 또는
역폴란드 기법**이라 부른다. 이 식은 "a와 b를 더하고, c와 d를 곱하여
뺀다."와 같이 시이 **맨 앞에서부터 처리하기에 좋다**는 점과 **괄호가 불필요**
하기 때문에 연산 루틴을 간단하게 작성할 수 있으므로 컴퓨터에서
자주 사용된다.

☞ **중위법(infix)을 후위법(postfix)으로 전환하기**

[조건]

1. 오퍼랜드는 1문자로 이루어진다.

2. 연산자는 ＋, －, *, / 의 4개의 이항 연산자만 사용한다.
3. 식은 정상적으로 입력이 된다고 가정한다.

[우선순위 설정] 숫자가 큰 것이 우선순위가 높다.

인　자	우선순위
오퍼랜드	3
*, /	2
＋, －	1

　식을 평가할 때 끄집어내는 인자를 저장하는 작업용 work(　)와 postfix를 만드는 stack(　)이라는 2개의 스택(배열)을 이용하여 처리한다.

　우선순위는 order(255) 배열에 기억하기로 한다.
- ASCII 코드 0〜255 사이의 모든 값을 3으로 초기 값을 준다.
- order(ASC(" * ")) = 2: order(ASC(" / ")) = 2
- order(ASC(" ＋ ")) = 1: order(ASC(" － ")) = 1

[알고리즘]
1. 식이 끝날 때까지 다음을 반복한다.
1-1. 식에서 인자를 하나 끄집어낸다.
1-2. (끄집어낸 인자의 우선순위)<=(work() 가장 위 인자의 우선순위)인 동안 다음을 반복한다.
1-2-1. stack()에 work()의 최상위 인자를 끄집어내어 쌓는다.

(work()는 pop, stack()은 push)

1 - 3. 위에서 끄집어낸 인자를 work()에 쌓는다.

2. work(　)에 남아 있는 인자를 끄집어내어 stack()에 쌓는다.

위 알고리즘을 그림으로 표현하면 다음과 같다.

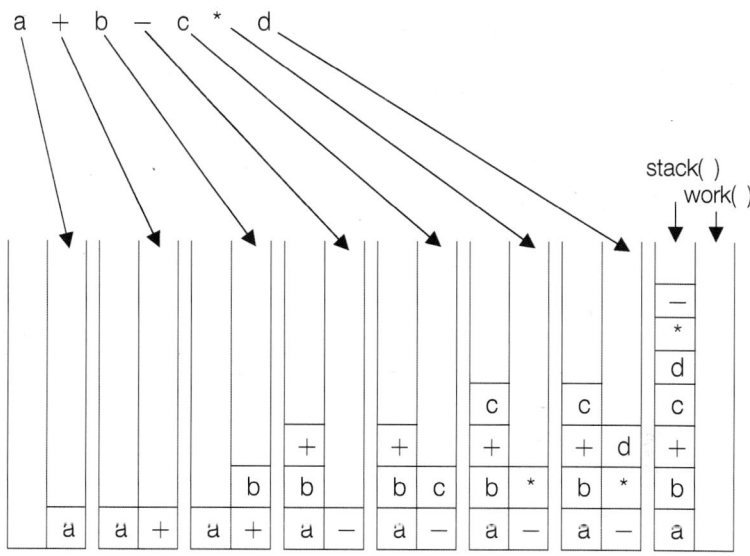

다음 처리는 어떻게 하면 되는가?

1. 최초 인자는 비교 대상 없이 work()에 집어넣는다.

2. 스택 아래를 넘었는가의 판정

1위 알고리즘에서는 문자열 처음부터 끝까지 비교 후 push, pop을 하고 있다.

　그렇다면 위 처리를 알고리즘에 포함하려면 → **보초를 이용**하면 된다.

　즉 work(0)에는 0이라는 보초 값을 주고 우선순위를 기억하는 order (0)에는 가장 낮은 우선순위인 -1(또는 0)을 기억하도록 한다.

과제 1: 위 알고리즘으로 프로그램을 작성해 보자.

과제 2: 괄호가 포함되어 있는 수식은 어떻게 위 알고리즘을 적용할 것인지 연구해 보자.

(2) 스택의 응용 2 - 수식의 계산

4*3 - 2*5의 결과 2를 계산해 보자.

infix: 4*3 - 2*5
postfix: 43*25* - - →stack() 배열에 기억되었다고 가정한다.

[알고리즘] 오퍼랜드 및 계산결과는 v()에 기억한다. (v()의 스택포인
　　　　터: vp)
1. 다음을 stack() 배열이 비어 있을 때까지 반복한다.
1-1. stack()에서 인자 하나를 꺼낸다.
1-1-1. 그것이 오퍼랜드(0~9)이면 v()에 저장한다.

1 - 1 - 2. 연산자이면 v(vp - 1) = v(vp - 1) 연산 v(vp)

2. 최종적으로 남은 v(1) 값이 결과이다.

위 알고리즘을 그림으로 표현하면 다음과 같다.

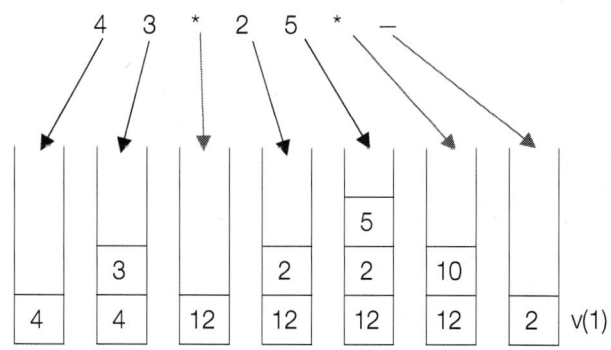

과제: 위 알고리즘을 프로그램으로 작성해 보자.

☞ **참고 사항**

또 다른 수식의 계산법: 직접법

계산용 스택 v()와 연산자용 스택 op()를 사용하기로 한다.

[알고리즘]

1. 식에서 인자를 하나 끄집어낸다.

1 - 1. 오퍼랜드이면 v()에 넣는다.

1 - 2. 연산자이면 (인자의 우선순위)<=(op() 위 인자의 우선순위)

       인 동안 다음 반복한다.

1 - 2 - 1. 연산처리를 수행한다.

1 - 3. 연산자를 op()에 넣는다.

2. op()에 남은 연산자를 끄집어내어 연산 처리한다.

여기서 연산처리란 op()의 최상부의 연산자를 사용하여 v()의 최상
위 아래 값과 v()의 최상위 값을 계산하여 v() 최상위 바로 아래에
넣는 처리이다.

위 알고리즘을 그림으로 표현해 보면 다음과 같다.

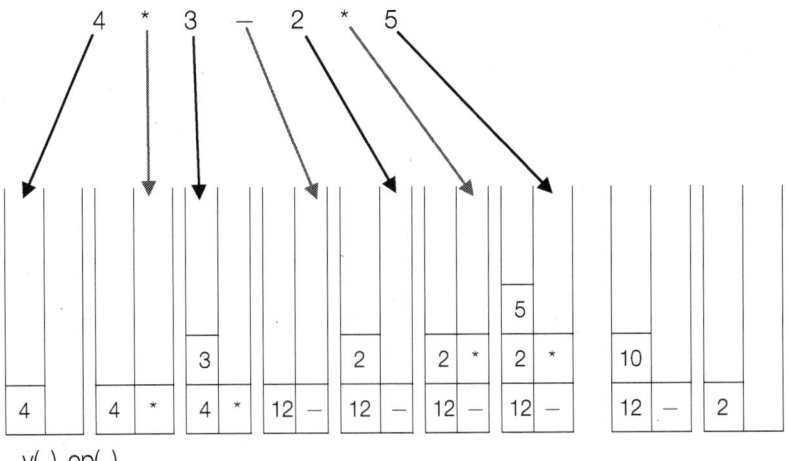

과제: 직접법을 프로그램으로 작성해 보자.

(3) 스택의 응용 3 - 가능한 pop 순서

> push 순서가 정해져 있을 때 가능한 한 pop 순서인지 알아내는 프로그램을 작성한다.

push 순서가 1, 2, 3, 4일 경우

2, 1, 3, 4: push(1) - push(2) - pop(2) - pop(1) - push(3) - pop(3) - push(4) - pop(4) (가능)

4, 3, 2, 1: push(1) - push(2) - push(3) - push(4) - pop(4) - pop(3) - pop(2) - pop(1) (가능)

3, 1, 2, 4: push(1) - push(2) - push(3) - pop(3) - 1을 pop할 수 없음(불가능).

[알고리즘]

1. 먼저 push count를 기억할 변수 passcnt의 초기 값을 0으로 설정
2. 처리할 데이터 수만큼 다음을 반복한다.
2 - 1. passcnt + 1부터 처리할 순서까지 다음을 반복한다.
push(처리 순서)
2 - 2. pop한 후 처리순서와 동일하지 않으면 불가능으로 판단한다.
3. 끝까지 2 - 2 경우가 존재하지 않으면 가능으로 판단한다.

push 처리: 1) 데이터 push

2) passcnt = passcnt + 1

과제 1: 위 알고리즘을 적용하여 프로그램을 작성해 보자.

과제 2: p.48(*조판 후 해당 페이지로 수정할 것) 순열에서 나타날 수 있는 모든 경우를 pop 순서로 하고 가능한 모든 경우를 출력 하는 프로그램을 작성해 보자.

스택은 지금까지의 예처럼 배열을 이용하여 LIFO 형식을 만족하는 프로그램을 작성할 수 있다.

주기억장치 내부에도 스택 영역이 존재하는데 여기에는 **인터럽트 처리 후 수행할 번지, 부 프로그램 호출 후 복귀번지(재귀호출 포함)를** 저장하는데 이용되고 있다.

또한 비재귀호출 시 배열을 이용하여 재귀호출의 복잡한 내부처리를 효과적으로 표현할 수 있다.

3) 큐(Queue)

스택은 데이터의 저장 순서와는 반대 순서로 데이터를 끄집어내는 LIFO 방식이었지만, 창구에 줄을 선 대기행렬을 처리하려면 LIFO방식으로는 뒤에 줄을 선 손님부터 처리하는 것이 되어 불공평하다. 이러한 경우는 FIFO(First In First Out)방식의 자료 구조가 필요하다. 이것이 큐(Queue=Q)이다.

구현＝1차원 배열을 이용(스택과 동일)
tail(＝rear) 포인터 → 입력 시 사용(입력 후 tail 증가)
head(＝front) 포인터 → 출력 시 사용(출력 후 head 증가)

4개의 데이터를 입력하여 2개를 출력한 후의 Q

q(0)	q(1)	q(2)		q(k)		q(n−1)

↑ head   ↑ tail

n개의 데이터를 입력하여 2개를 출력한 후의 Q

q(0)	q(1)	q(2)		q(n−1)	

↑ head   ↑ tail

q(0)과 q(1)이 비어 있음에도 overflow가 발생한다. → 해결책: 원형 큐

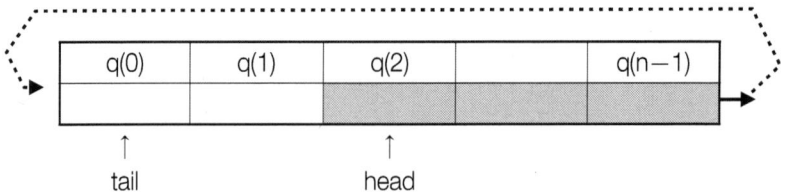

☞ **원형 큐의 구현**

원형 큐의 초기화: head = 0, tail = 0

[원형 큐의 입력 알고리즘]

1. (tail + 1) mod Qsize = head이면 "overflow"

2. 아니면

2 - 1. q(tail) = 데이터

2 - 2. tail = tail + 1

tail = tail mod Qsize

[원형 큐의 출력 알고리즘]

1. tail = head 이면 "underflow"

2. 아니면

2 - 1. q(head) 출력

2 - 2. head = head + 1

head = head mod Qsize

과제 1: 큐의 입력과 출력이 가능한 프로그램을 작성해 보자.

과제 2: 큐의 사용 분야에 대해서 조사해 보자.

14. 트 리

1) 트리(tree)란 어떤 구조인가?

Tree는 여러 개의 **마디(node)**와 그것을 연결하는 **가지(branch=간선)**로 구성된다. 마디는 데이터에 대응되고 가지는 데이터와 데이터의 아버지와 아들 관계에 대응한다. 어느 마디로부터 아래 방향으로 갈라지는 가지 앞에 있는 마디를 **아들(자노드)**이라고 하고, 갈라지는 가지의 원래 마디를 **아버지(부노드)**라 한다.

Tree의 제일 먼저 시작하는 마디를 특히 **뿌리(root=근노드)**라 하고, 아들을 갖지 않은 마디를 **잎(leaf=단노드)**이라 한다. Tree 가운데 있는 어떤 마디를 상대적인 뿌리라 생각하고, 그곳에서 나누어진 가지와 마디의 집합을 부분 Tree 구조라고 한다.

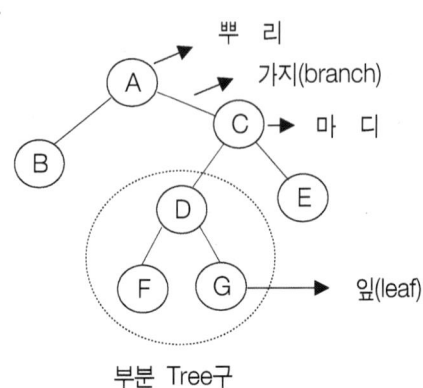

부분 Tree구

root 노드＝A

A의 왼쪽 자노드＝B　A의 오른쪽 자노드＝C

B와 C의 부모노드＝A

leaf 노드＝B, E, F, G

형제노드＝B와 C, D와 E, F와 G

degree＝노드의 간선수(A의 degree＝2, E의 degree＝0)

tree의 degree＝각 노드의 degree 값의 최대치(위 그림에서 tree의

degree＝2)

k−진 트리＝tree의 degree가 k인 트리

＝각 노드의 간선수가 k 이하인 트리

레벨(level)＝뿌리 노드로부터 현재 노드까지의 경로를 거치는 동안

의 노드 수

　1 level: A

2 level: B, C

3 level: D, E

4 level: F, G

트리의 높이: 레벨의 최대치(위 그림에서 트리의 높이＝4)

Tree에 대한 알고리즘은 <u>이진트리</u>(각 노드의 간선수가 2 이하인 트리)를 중심으로 한다.

☞ 알고 있어야 하는 이진트리

1) 완전 이진트리(complete binary tree): 마지막 레벨을 제외하고는 각 레벨의 노들들이 꽉 차 있는 이진트리

2) 정 이진트리(full binary tree): 모든 레벨이 꽉 차 있는 이진트리
   정 이진트리에서 각 레벨에서의 노드 수: 2^{d-1}(d는 레벨)
   현재 레벨까지의 노드 수＝$2^d - 1$(d는 레벨)

3) 2진 탐색트리: 왼쪽 자노드＜부노드＜오른쪽 자노드의 규칙을 갖는 트리 → 탐색(검색) 시 이용된다.

4) heap 트리: 부노드＞자노드(최대 힙), 부노드＜자노드(최소 힙) → 힙 정렬 시 이용된다.

5) AVL 트리: 이진 탐색트리의 균형 잡힌 트리
   왼쪽 부분 나무의 높이와 오른쪽 부분 나무의 높이가 같거나 하나 차이가 나는 나무

☞ 이진트리의 성질

1. 한 노드에서 다른 노드로 가는 경로는 오직 한 가지이다(cycle

이 형성되지 않는다.).
2. N개의 노드를 갖는 나무는 N - 1개의 간선을 갖는다.

2) 이진트리의 표현

(1) 배열을 이용하는 방법

노드의 위치에서 배열의 인덱스를 계산하여 이진 나무를 저장한다.

장점: 프로그램이 쉽다.

단점: 균형 잡히지 않는 트리인 경우 메모리 낭비가 심하다.

노드의 위치 → 배열 인덱스

1레벨부터 왼쪽에서 오른쪽으로 일련번호를 부여한다. = 배열의 인
덱스

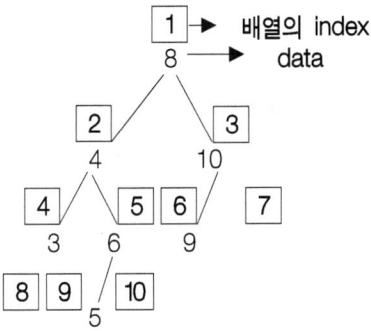

a(1)	a(2)	a(3)	a(4)	a(5)	a(6)	a(7)	a(8)	a(9)	a(10)
8	4	10	3	6	9	—	—	—	5

배열 index 값으로 노드의 위치를 알 수 있다.

현재 위치를 i라고 할 때

i의 왼쪽 자노드 위치 = 2*i

i의 오른쪽 자노드 위치 = 2*i + 1

i의 부노드 위치: int(i / 2)

(2) 연결 리스트를 이용하는 방법

이 중 연결리스트와 마찬가지로 오른쪽과 왼쪽 자식에 대한 링크를 유지함으로써 구성된다. 연결리스트를 이용하는 방법은 프로그래밍에 약간 부담이 있지만, 이진 나무가 균형이 잡혀 있지 않다 하더라도 메모리의 낭비가 없다. 단, 각 노드마다 링크 정보가 두 개씩 들어가야 하므로 완전히 균형 잡힌 나무의 경우에는 배열을 이용하는 방법이 효율적이다.

C언어에서의 연결리스트를 이용한 이진 나무의 노드 정의

```
typedefstruct _tree{
int key;
struct _node *left;
struct _node *right;
}Tree;
Tree *root;          ← 포인터 변수 선언
```

3) 트리의 순회(나무 타기: Tree traverse)

일정한 순서로 Tree의 모든 마디를 방문하는 것을 트리의 순회라 한다.

다음 그림은 왼쪽 마디를 따라 진행하여 끝에 다다르면 하나 앞의 아버지에 리턴 하여 오른쪽 마디로 나아가, 똑같은 것을 반복하는 것이다(재귀적 성질).

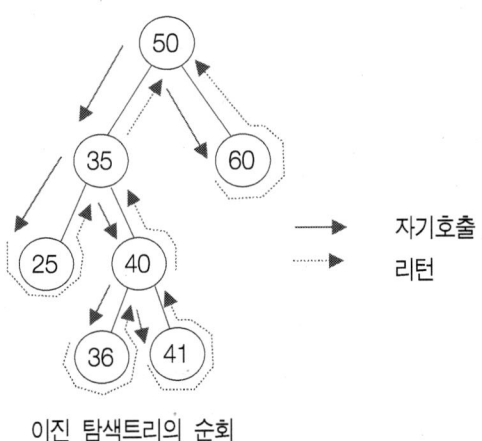

이진 탐색트리의 순회

(1) 전위법(preorder)

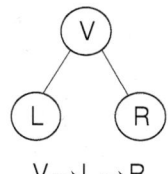

V→L→R

① 마디를 표시
② 왼쪽 tree를 순회하는 자기호출
③ 오른쪽 tree를 순회하는 자기호출

위 tree의 전위 순회결과 $50 \to 35 \to 25 \to 40 \to 36 \to 41 \to 60$

(2) 중위법(inorder)

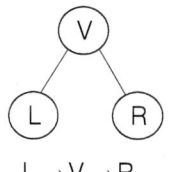

L→V→R

① 왼쪽 tree를 순회하는 자기호출
② 마디를 표시
③ 오른쪽 tree를 순회하는 자기호출

위 tree의 중위 순회결과 $25 \to 35 \to 36 \to 40 \to 41 \to 50 \to 60$ 이 된다.

이진 탐색트리이므로 오름차순 정렬과 같은 결과가 된다.

(3) 후위법(postorder)

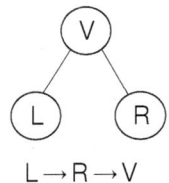

$$L \rightarrow R \rightarrow V$$

① 왼쪽 tree를 순회하는 자기호출
② 오른쪽 tree를 순회하는 자기호출
③ 마디를 표시
위 tree의 후위 순회결과 25 → 36 → 41 → 40 → 35 → 60 → 50
이 된다.

☞ **이진 탐색트리 만들기(배열 이용)**
입력순서: 7 5 10 8 3 6 9 1 4 2

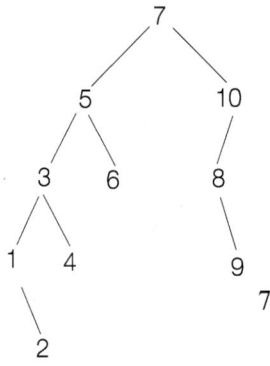

[알고리즘]

1. a(1)에 첫 번째 자료인 7기억
2. 2번째 자료부터 10번째 자료까지 다음을 반복
2-1. position 변수에 초기 값 1(root 위치)을 부여
2-2. a(position)>0 동안 다음을 반복
2-2-1. 만약 a(position)>배열 값이면 position = position*2(왼쪽 자노드로 이동) 아니면 position = position*2+1(오른쪽 자노드로 이동)
2-3. a(position) 위치에 배열 값 기억

과제: 이진 탐색트리가 배열에 기억되어 있는 자료를 기준으로 preorder, inorder, postorder 운행하는 프로그램을 작성해 보자.

15. 그래프

1) 그래프(Graph)란 어떤 구조인가?

컴퓨터로 해결해야 할 수많은 문제 중에서 **객체와 그들 간의 연결로 모델링**되는 것이 많다. 이런 문제들을 해결하는 도구로 가장 많이 애용되는 것이 그래프이다.

예를 들어 공항로를 모델링한다고 해 보자. 항공로는 공항과 그것을 연결하는 선(항공로)으로 구성할 수 있다. 공항을 연결하는 선은 그 노선의 가격이나 소용 시간이 덧붙여 표시될 수 있다.(가중치 = 가중값)

또 다른 예로 전자회로를 들 수 있다. 전자회로는 객체에 해당하는 소자와 연결에 해당하는 선로로 모델링될 수 있다. 전자회로에서는 선로의 길이나 소자의 **절대적 위치는 중요하지 않으며 소자와 소자 간의 연결 상태만이 중요**하다.

앞 장에서 배운 트리는 cycle이 없는 그래프의 한 유형일 뿐이다.

그래프는 정점(vertex)을 간선(edge, branch)에 연결한 것으로 다음과 같이 나타낸다.

☞ 방향이 없는 그래프(비방향 그래프＝무방향 그래프)

$1 \rightarrow 2$의 경로나 $2 \rightarrow 1$의 경로는 같지만 $1 \rightarrow 3$의 경로는 없다는 것을 나타낸다고 생각하면 된다.

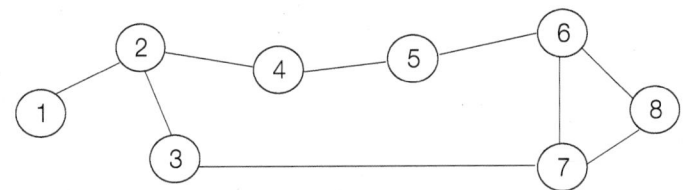

☞ 방향이 있는 그래프(방향 그래프)

$1 \rightarrow 2$로는 가지만 $2 \rightarrow 1$로는 가지 못한다.

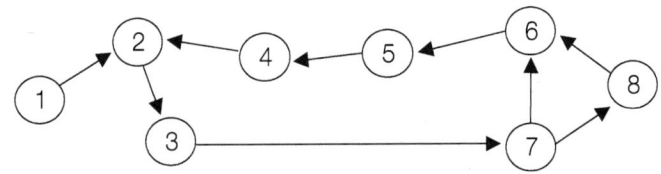

2) 그래프의 표현(인접 행렬)

☞ **비방향 그래프의 표현**

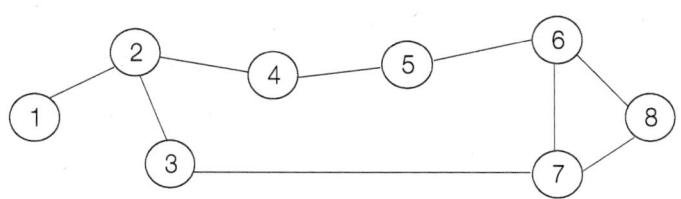

I→j로 간선이 존재하는 경우 1, 존재하지 않는 경우 0
배열에서는 출발을 행으로, 도착을 열로 표현한다.
즉, i→j로 간선이 있는 경우 a(i, j)=1, 없는 경우 a(i, j)=0

	1	2	3	4	5	6	7	8
1	0	1	0	0	0	0	0	0
2	1	0	1	1	0	0	0	0
3	0	1	0	0	0	0	1	0
4	0	1	0	0	1	0	0	0
5	0	0	0	1	0	1	0	0
6	0	0	0	0	1	0	1	1
7	0	0	1	0	0	1	0	1
8	0	0	0	0	0	1	1	0

☞ 방향성 그래프의 표현

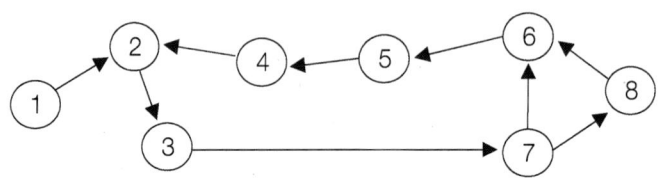

i→j로 방향성이 존재하면 1, 존재하지 않으면 0

	1	2	3	4	5	6	7	8
1	0	1	0	0	0	0	0	0
2	0	0	1	0	0	0	0	0
3	0	0	0	0	0	0	1	0
4	0	1	0	0	0	0	0	0
5	0	0	0	1	0	0	0	0
6	0	0	0	0	1	0	0	0
7	0	0	0	0	0	1	0	1
8	0	0	0	0	0	1	0	0

과제: 다음의 그래프를 인접 행렬로 표현해 보자.

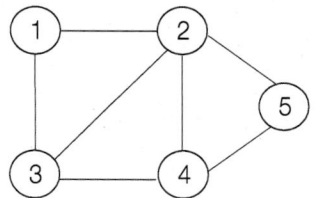

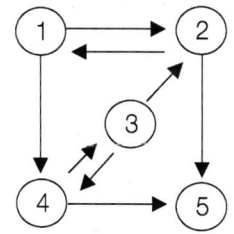

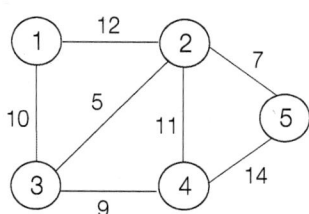

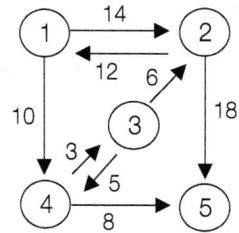

3) 그래프의 탐색법

(1) 깊이 우선 탐색(DFS: Depth First Search)

[알고리즘]

1. 시발점을 출발하여 번호가 빠른 순서로 진행하는 위치를 조사하고 나아가는 곳(간선이 있는데 아직 탐색하지 않은 정점)까지 진행한다.
2. 나아갈 장소가 없으면 나아갈 장소가 나타날 때까지 되돌아가 다시 나아갈 곳까지 진행한다.
3. 나아갈 장소가 전혀 없으면(모든 정점을 탐색했다면) 끝낸다.

알고리즘을 그림으로 표현하면 다음과 같다.

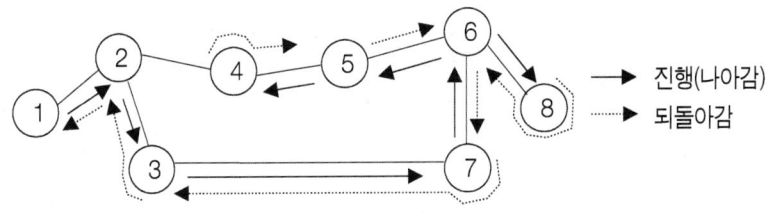

1. **1번을 출발**점으로 한다.
2. 1~8번 정점 중에 방문하지 않은 연결된 **정점 2를 선택**한다.
3. 1~8번 정점 중에 방문하지 않은 연결된 **정점 3을 선택**한다.
4. 1~8번 정점 중에 방문하지 않은 연결된 **정점 7을 선택**한다.

5. 1~8번 정점 중에 방문하지 않은 연결된 **정점 6을 선택**한다.

6. 1~8번 정점 중에 방문하지 않은 연결된 **정점 5를 선택**한다.

7. 1~8번 정점 중에 방문하지 않은 연결된 **정점 4를 선택**한다.

8. 1~8번 정점 중에 방문하지 않은 연결된 정점이 없으므로 5번으로 되돌아간다.

9. 1~8번 정점 중에 방문하지 않은 연결된 정점이 없으므로 6번으로 되돌아간다.

10. 1~8번 정점 중에 방문하지 않은 연결된 **정점 8을 선택**한다.

11. 1~8번 정점 중에 방문하지 않은 연결된 정점이 없으므로 6번으로 되돌아간다.

12. 1~8번 정점 중에 방문하지 않은 연결된 정점이 없으므로 7번으로 되돌아간다.

13. 1~8번 정점 중에 방문하지 않은 연결된 정점이 없으므로 3번으로 되돌아간다.

14. 1~8번 정점 중에 방문하지 않은 연결된 정점이 없으므로 2번으로 되돌아간다.

15. 1~8번 정점 중에 방문하지 않은 연결된 정점이 없으므로 1번으로 되돌아간다.

16. 종료

DFS 탐색 결과: 1 → 2 → 3 → 7 → 6 → 5 → 4 → 8

1번을 출발점으로 했을 경우 반드시 위와 같은 순서로 탐색해야 한다는 것은 아니다. 위 예에서는 갈 수 있는 경우 중에 **빠른 번호순을 선택했음에 주의**하기 바란다.

과제: 위의 그래프를 DFS프로그램으로 작성해 보자(모든 정점을 출발점으로 한다.).

(2) 너비 우선 탐색(BFS: Breadth First Search)

[알고리즘]

1. 시발점을 큐(대기행렬)에 넣는다.
2. 큐가 비어 있지 않으면 다음을 반복한다.
2-1. 큐에서 시발점을 끄집어내어(방문)
그 마디에 연결된 방문하지 않은 정점을 모두 큐에 넣는다.

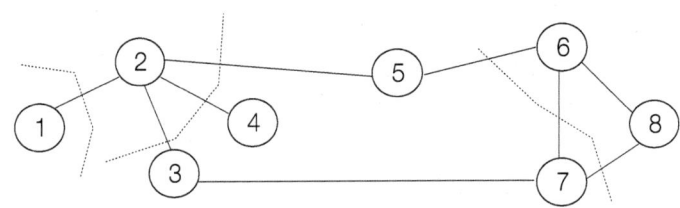

1. 정점 1을 큐에 넣는다.
2. **정점 1**을 끄집어내고, 정점 1에 연결된 방문하지 않은 정점 2를 큐에 넣는다.
3. **정점 2**를 끄집어내고, 정점 2에 연결된 방문하지 않은 정점 3, 4, 5를 큐에 넣는다.
4. **정점 3**을 끄집어내고, 정점 3에 연결된 방문하지 않은 정점 7을 큐에 넣는다.

5. **정점 4**를 끄집어내고, 정점 4에 연결된 방문하지 않은 정점이 없으므로 다음 진행
6. **정점 5**를 끄집어내고, 정점 5에 연결된 방문하지 않은 정점 6을 큐에 넣는다.
7. **정점 7**을 끄집어내고, 정점 7에 연결된 방문하지 않은 정점 8을 큐에 넣는다.
8. **정점 6**을 끄집어내고, 정점 6에 연결된 방문하지 않은 정점이 없으므로 다음 진행
9. **정점 8**을 끄집어내고, 정점 6에 연결된 방문하지 않은 정점이 없으므로 다음 진행
10. 큐에 있는 모든 내용을 처리했으므로 종료

BFS 탐색 결과: 1 → 2 → 3 → 4 → 5 → 7 → 6 → 8

1번을 출발점으로 했을 경우 반드시 위와 같은 순서로 탐색해야 한다는 것은 아니다. 위 예에서는 갈 수 있는 경우 중에 **빠른 번호순을 선택했음에 주의**하기 바란다.

과제 1: 위의 그래프를 BFS프로그램으로 작성해 보자(모든 정점을 출발점으로 한다.).

과제 2: BFS 방법으로 미로 찾기를 해 보자(p.46 재귀호출과 비교).

4) 위상 정렬(Topological sort)

1부터 7까지의 작업이 있다고 하자. 1의 업무를 하기 위해서는 2의 업무가 끝나야 하고, 3의 업무를 수행하기 위해서는 1의 업무가 끝나야 한다. 7의 업무를 하기 위해서는 3, 6, 8의 업무가 끝나야 한다. ……는 관계를 방향성 그래프로 표현하면 다음과 같다.

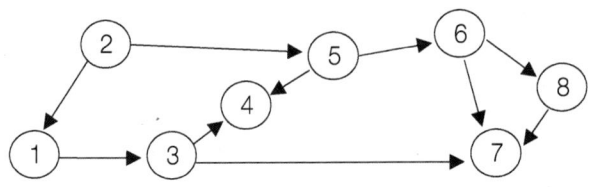

위 그래프를 보면 업무 계열은 2, 1, 3, 4, 7과 2, 5, 4, 6, 7, 8의 두 계열로 되어 있음을 알 수 있다. 업무 1과 업무 5는 계열이 다르기 때문에 어느 쪽을 먼저 해도 된다. 이와 같이 반드시 순서를 비교할 수 없는 경우가 있는 순서 관계를 **반순서 관계**라 한다. 반순서 관계가 있는 데이터에 대하여, 제일 먼저 하는 업무부터 마지막으로 하는 업무까지를 일렬로 나열하는 것을 **위상 정렬**이라 부른다. 반순서 관계 데이터이기 때문에 해법은 여러 가지 경우가 있을 수 있다.

[알고리즘]

1. 모든 정점에 대해서 다음을 수행한다.
1-1. 깊이 우선 탐색을 하고 도착한 곳으로부터 탐색 경로를 되돌아올 때 정점을 집어내면 된다.

2. 집어낸 정점을 역순으로 나열하면 된다.

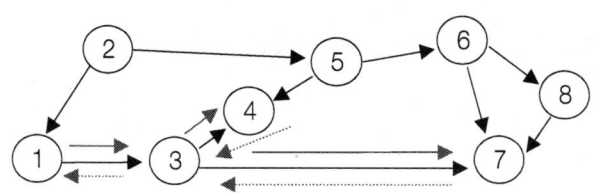

출발점: 1번 정점

1 ━━▶ 3 ━━▶ ④ ┈┈▶ 3 ━━▶ ⑦ ┈┈▶ ③ ┈┈▶ ①

출발점: 2번 정점

2 ━━▶ 5 ━━▶ 6 ┈┈▶ ⑧ ━━▶ ⑥ ┈┈▶ ⑤ ┈┈▶ ②

  출발점: 3, 4, 5, 6, 7, 8번 정점은 이미 모든 정점을 방문했기 때문에 아무것도 하지 않고 끝낸다. 얻은 마디(원으로 표시된 정점)를 반대로 나열하면

  2 5 6 8 1 3 7 4

  가 수행되는 업무 순서이다.(위상 정렬) 시빌점을 달리하면 다른 결과가 나온다.

과제: 위상 정렬 프로그램을 작성해 보자.

5) 최단 거리 구하기

(1) 다익스트라(Dijkstra) Algorithm

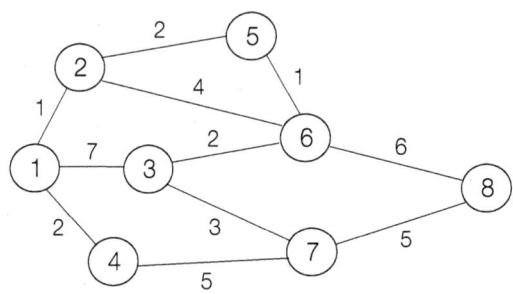

[알고리즘]

1. 시발점에 연결되어 있는 정점의 시발점 ↔ 정점 사이의 거리를 구하고 최솟값을 가진 정점에 표시를 붙여 확정한다.
2. 모든 정점에 표시가 될 때까지 다음을 반복
2 - 1. 표시를 한 정점에 연결된 정점까지의 거리를 구하고 표시를 하지 않은 정점까지의 거리가 최소가 되는 정점에 표시를 붙여 확정한다.
3. 각 마디에서 얻어진 값이 시발점에서의 최단 거리가 된다.

[과정] ( ) 안의 값은 거리

1. 정점 1을 시발점으로 연결된 정점 2(1), 3(7), 4(2) 중에서 최솟값을 가진 정점 2를 표시한다(정점 2까지의 최단 거리＝1).
2. 정점 2와 연결된 정점 5(3), 6(5)와 방문되지 않은 정점 3(7),

4(2) 중에서 최솟값을 가진 정점 4를 표시한다(정점 4까지 최단 거리＝2).

3. 정점 4와 연결된 정점 7(7)과 방문되지 않은 정점 5(3), 6(5), 3(7) 중에서 최솟값을 가진 정점 5를 표시한다(정점 5까지의 최단 거리＝3). ── 두 값 중 최솟값

4. 정점 5와 연결된 정점 6(4)와 방문되지 않은 정점 7(7), 3(7) 중에서 최솟값을 가진 정점 6을 표시한다(정점 6까지의 최단 거리 ＝4). ── 두 값 중 최솟값

5. 정점 6과 연결된 정점 8(10), 3(6)과 방문되지 않은 정점 7(7) 중에서 최솟값을 가진 정점 3을 표시한다(정점 3까지의 최단 거리＝6).

6. 정점 3과 방문되지 않은 정점 7(7), 8(10) 중에서 최솟값을 가진 정점 7을 표시한다(정점 7까지의 최단 거리＝7).

7. 정점 7과 연결된 정점 8(9)가 최솟값을 가진 정점이므로 정점 8을 표시한다(정점 8까지의 최단 거리＝9).

과제 1: 시발점을 달리하여 최단 거리를 구해 보자(시발점 입력).

과제 2: 최단 거리 경로를 표시해 보자.
(예를 들어 시발정점이 1인 경우 3까지의 최단 거리는 6: 3 ← 6 ← 5 ← 2 ← 1)

(2) 플로이드(Floyd) Algorithm

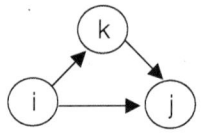

i에서 j로의 비용보다 i에서 k를 거쳐 다시 j로 가는 비용이 적으면 새로운 경로가 비용이 적게 든다는 뜻이 되므로 현재 기억되어 있는 값을 갱신한다.

if a(i, j)>a(i, k)+a(k, j) then a(i, j)=a(i, k)+a(k, j)

☞ **Floyd Algorithm을 적용할 방향 그래프**

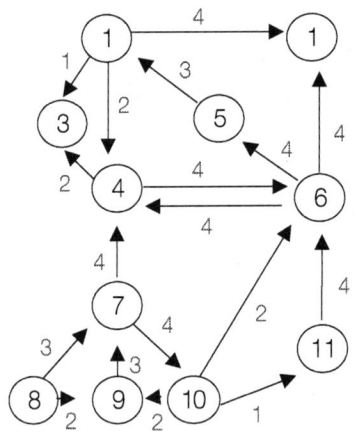

위 그래프를 인접 행렬로 표현하면 다음과 같다(∞값은 적절히 큰 값으로 대치하면 된다.).

	1	2	3	4	5	6	7	8	9	10	11
1	0	4	1	2	∞	∞	∞	∞	∞	∞	∞
2	∞	0	∞	∞	∞	∞	∞	∞	∞	∞	∞
3	∞	∞	0	∞	∞	∞	∞	∞	∞	∞	∞
4	∞	∞	2	0	∞	4	∞	∞	∞	∞	∞
5	3	∞	∞	∞	0	∞	∞	∞	∞	∞	∞
6	∞	4	∞	4	4	0	∞	∞	∞	∞	∞
7	∞	∞	∞	4	∞	∞	0	∞	∞	4	∞
8	∞	∞	∞	∞	∞	∞	3	0	2	∞	∞
9	∞	∞	∞	∞	∞	∞	3	∞	0	∞	∞
10	∞	∞	∞	∞	∞	2	∞	∞	2	0	1
11	∞	∞	∞	∞	∞	4	∞	∞	∞	∞	0

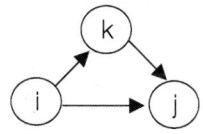

[알고리즘]

1. 중간 거쳐 가는 정점(위 그림에서 k에 해당) 1에서 11까지 다음을 반복한다.

1-1. 출발 정점(위 그림에서 i에 해당) 1에서 11까지 다음을 반복한다.

1-1-1. 도착 정점(위 그림에서 j에 해당) 1에서 11까지 다음을 반복한다.

만약 출발→ 도착 비용보다 출발→ 중간 정점 → 도착 비용이 적으면 갱신한다.

☞ 위 알고리즘을 수행하고 난 후 인접 행렬의 내용

	1	2	3	4	5	6	7	8	9	10	11
1	0	4	1	2	10	6	∞	∞	∞	∞	∞
2	∞	0	∞	∞	∞	∞	∞	∞	∞	∞	∞
3	∞	∞	0	∞	∞	∞	∞	∞	∞	∞	∞
4	11	8	2	0	8	4	∞	∞	∞	∞	∞
5	3	7	4	5	0	9	∞	∞	∞	∞	∞
6	7	4	6	4	4	0	∞	∞	∞	∞	∞
7	13	10	6	4	10	6	0	∞	6	4	5
8	16	13	9	7	13	9	3	0	2	7	8
9	16	13	9	7	13	9	3	∞	0	7	8
10	9	6	8	6	6	2	5	∞	2	0	1
11	11	8	10	8	8	4	∞	∞	∞	∞	0

과제 1: Floyd Algorithm을 이용하여 프로그램을 작성해 보자.

과제 2: Floyd Algorithm으로 모든 순서쌍의 최단경로를 표시하려면 어떻게 해야 할지를 분석하고 프로그램을 작성해 보자.

6) 최소 비용 신장 트리

그래프 G의 간선들로만 구성되고, 그래프 G의 모든 정점을 포함하는 트리를 **신장 트리**라 하고, 간선들의 비용의 합이 가장 적은 신장 트리를 **최소 비용 신장 트리**(Minimum Cost Spanning Tree)라 한다. 즉 최소 비용 신장 트리는 그래프의 모든 정점들을 방문하는 경로 중에서 가장 비용이 적게 드는 경로를 의미한다. 그리고 최소 비용 신장 트리는 반드시 유일한 것은 아니다. 즉 같은 비용의 합계로 다른 경로가 있을 수 있음을 의미한다.

(1) Kruskal Algorithm

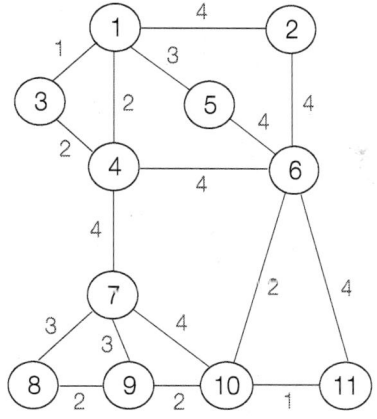

[알고리즘]

1. 가중값을 중심으로 오름차순 정렬한다.

2. 가장 작은 값부터 cycle이 형성되지 않으면 모든 정점이 연결될
   때까지 선택을 한다.

[과정 설명]
① 정점 1과 정점 3 사이의 간선 선택 ② 정점 10과 정점 11 사
  이의 간선 선택

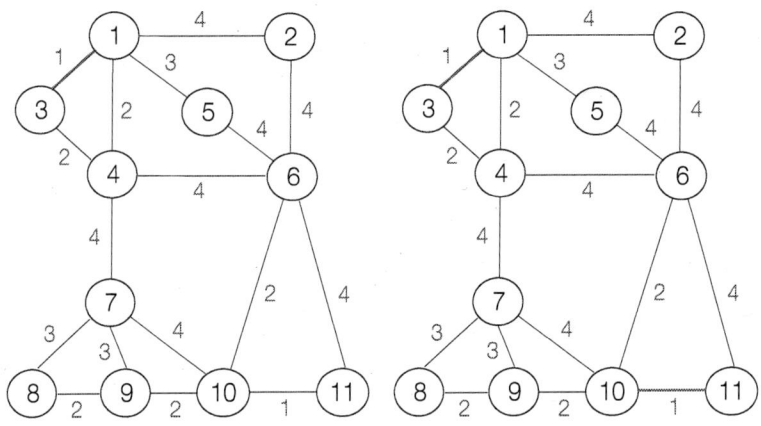

③ 정점 1과 정점 4 사이의 간선 선택 ④ 정점 3과 정점 4는 cycle
  이므로 정점 6과 정점 10 사이의 간선 선택

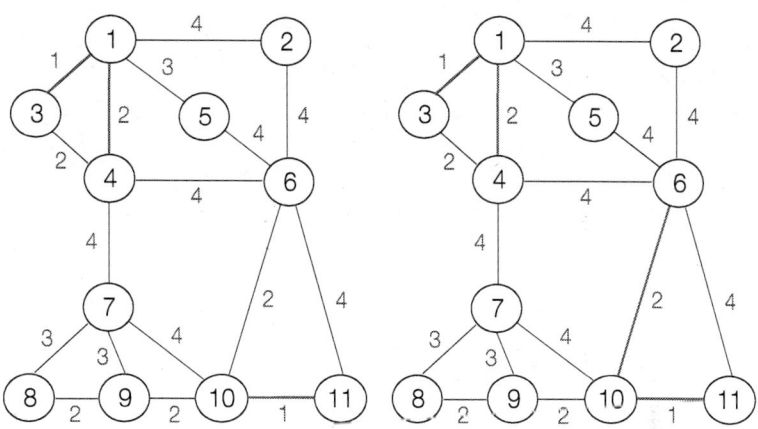

⑤ 정점 8과 정점 9 사이의 간선 선택 ⑥ 정점 9와 정점 10 사이의 간선 선택

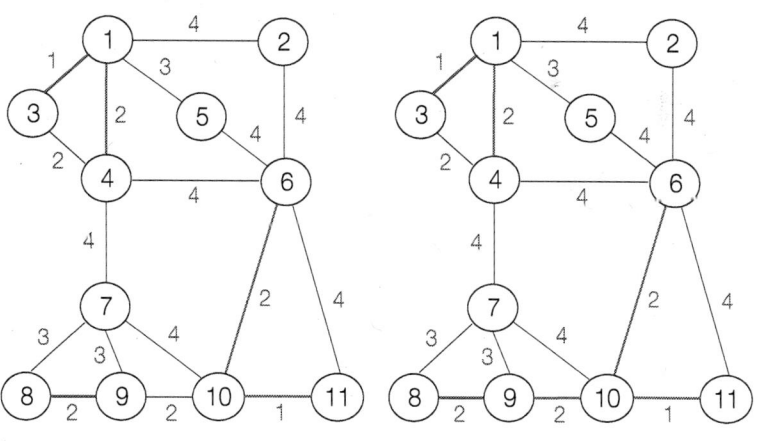

⑦ 정점 1과 정점 5 사이의 간선 선택 ⑧ 정점 7과 정점 8 사이
의 간선 선택

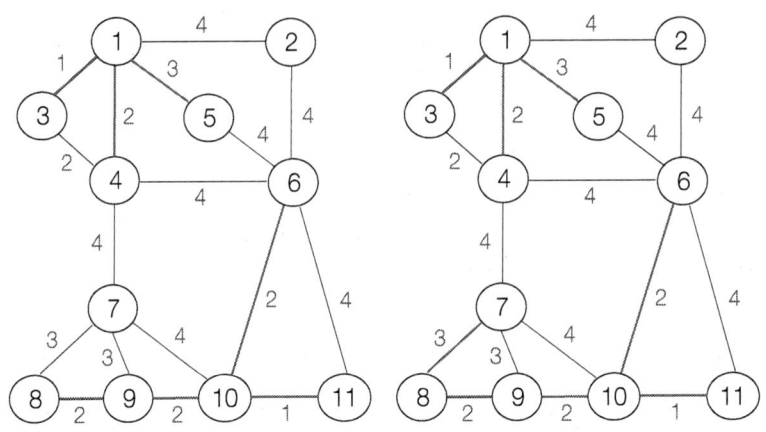

⑨ 정점 7과 정점 9는 cycle이므로 ⑩ 정점 2와 정점 6 사이의 간
선 선택(완료)
정점 1과 정점 2 사이의 간선 선택

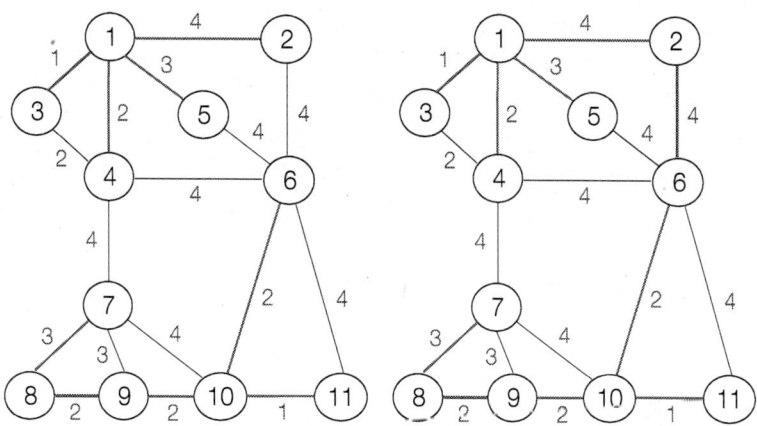

☞ **완성된 최소 비용 신장 트리(최소 비용＝24)**

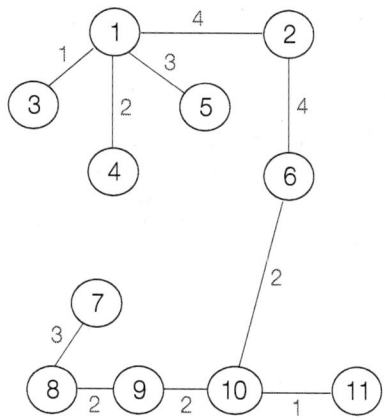

과제 1: cycle인지 아닌지는 어떻게 구별할 수 있는지 연구해 보자.

과제 2: Kruskal Algorithm으로 최소 비용 신장 트리를 구현해 보자.

과제 3: 또 다른 최소 비용 신장 트리를 구하는 방법은 어떤 것이 있는지 조사해 보자.

제4장

실전 알고리즘

174 알 고 리 즘

1. 욕심쟁이 기법(Greedy)

현재 상태에서 제일 좋다고 판단되는 것부터 선택하고 다음은 남은 것 중에서 다시 제일 좋다고 판단되는 것을 선택한다. 즉, 앞 뒤(그 전의 선택이나, 앞으로 벌어질) 상황을 전혀 고려하지 않고, 오직 현재의 이익을 쫓는 방법을 뜻한다. 그렇지만 **Greedy가 항상 최적의 답을 가져다주지는 않는다**는 사실을 꼭 기억해야 한다.

Greedy로 최적 해를 구할 수 있는 문제: MST(최소 비용 신장 트리), 최단 거리, 스케줄링

Greedy의 장점: 코딩이 간편하고, 알고리즘 설계가 간단하다.

1) Greedy로 최적 해를 구할 수 없는 예: 외판원 문제(TSP)

"1번 도시를 출발하여 모든 도시를 순회하고 다시 1번으로 돌아온다."

TSP 문제의 목적은 가장 짧은 거리를 갖는 여행 일주 계획을 세우는 것이다.

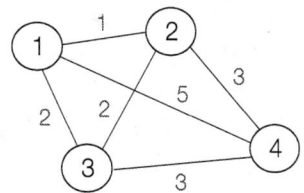

☞ **Greedy 방법**

1번 → 2번 → 3번 → 4번 → 1번 (총거리: 1 + 2 + 3 + 5 = 11)

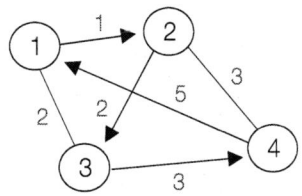

☞ **또 다른 방법**

1번 → 2번 → 4번 → 3번 → 1번 (총거리: 1 + 3 + 3 + 2 = 9) ← **최적해**

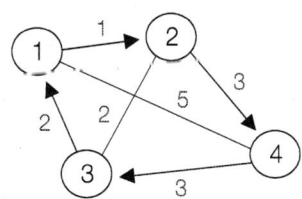

2) Greedy 예제

(1) 회의실 배정 문제

한 개의 회의실과 이를 사용하고자 하는 9개의 회의들에 대한 회의실 시간 표를 만들려고 한다. 이때 각 회의에 대한 시작 시간과 끝나는 시간이 주어진다.
회의가 겹치지 않게 하면서 회의실을 사용할 수 있는 최대의 회의 수와 그 때의 회의들은 어떤 것인지 알아낸다.

회 의	시작시간	끝나는 시간
1	3	5
2	1	4
3	2	13
4	5	9
5	5	7
6	0	6
7	8	11
8	8	12
9	12	14

[분석]

1. 회의 번호를 기준으로 Greedy를 적용한다.

   1번 선택→ 5시 이후에 시작되는 **4번 선택**→ 9시 이후에 시작되는 **9번 선택**

1, 4, 9: 3개의 회의를 배정할 수 있다.

2. 시작시간을 기준으로 Greedy를 적용한다.

   시작시간을 기준으로 정렬한다.

회 의	시작시간	끝나는 시간
6	0	6
2	1	4
3	2	13
1	3	5
4	5	9
5	5	7
7	8	11
8	8	12
9	12	14

6번 선택 → 6시 이후에 시작되는 **7번 선택** → 11시 이후에 시작되는 **9번 선택**

6, 7, 9: 3개의 회의를 배정할 수 있다.

3. 끝나는 시간을 기준으로 Greedy를 적용한다.

   끝나는 시간을 기준으로 정렬한다.

회 의	시작시간	끝나는 시간
2	1	4
1	3	5
6	0	6
5	5	7
4	5	9
7	8	11
8	8	12
3	2	13
9	12	14

2번 선택 → 4시 이후에 시작되는 **5번 선택** → 7시 이후에 시작하는 **7
번 선택** → 11시 이후에 시작하는 **9번 선택**

2, 5, 7, 9: 4개의 회의를 배정할 수 있다.

위의 기준 중에 **끝나는 시간을 기준**으로 하는 것이 최적해임을 알 수
있다.

일반적으로 **회의실 배정문제는 Greedy로 최적해를 구할 수 있다**고 알려
져 있다.

(2) 하나의 시스템과 이를 이용하고자 하는 고객의 스케줄링

5명의 고객이 서비스를 받아야 하는 시간이 다음과 같이 주어졌을 때 전체
고객의 처리시간(=기다리는 시간+서비스 받는 시간)의 합이 최소가 되는
시간과 서비스 순서를 알아낸다.

고 객	서비스 받을 시간
1	1
2	3
3	2
4	8
5	5

[분석]

1. 고객순서로 Greedy를 적용해 보자.

$1 \rightarrow 2 \rightarrow 3 \rightarrow 4 \rightarrow 5$

1번 고객의 처리시간 = 1(서비스 받는 시간)

2번 고객의 처리시간 = 1(기다리는 시간) + 3(서비스 받는 시간) = 4

3번 고객의 처리시간 = 1 + 3(기다리는 시간) + 2(서비스 받는 시간) = 6

4번 고객의 처리시간 = 1 + 3 + 2(기다리는 시간) + 8(서비스 받는 시간) = 14

5번 고객의 처리시간 = 1 + 3 + 2 + 8(기다리는 시간) + 5(서비스 받는 시간) = 19

처리시간의 합: 1 + 4 + 6 + 14 + 19 = 44

2. 서비스 받을 시간이 긴 순서로 Greedy를 적용해 보자.

$4 \rightarrow 5 \rightarrow 2 \rightarrow 3 \rightarrow 1$

4번 고객의 처리시간 = 8(서비스 받는 시간)

5번 고객의 처리시간 = 8(기다리는 시간) + 5(서비스 받는 시간) = 13

2번 고객의 처리시간＝8＋5(기다리는 시간)＋3(서비스 받는 시간)＝16

3번 고객의 처리시간＝8＋5＋3(기다리는 시간)＋2(서비스 받는 시간)＝18

1번 고객의 처리시간＝8＋5＋3＋2(기다리는 시간)＋1(서비스 받는 시간)＝19

처리시간의 합: 8＋13＋16＋18＋19＝74

3. 서비스 받을 시간이 짧은 순서로 Greedy를 적용해 보자.

$1 \rightarrow 3 \rightarrow 2 \rightarrow 5 \rightarrow 4$

1번 고객의 처리시간＝1(서비스 받는 시간)

3번 고객의 처리시간＝1(기다리는 시간)＋2(서비스 받는 시간)＝3

2번 고객의 처리시간＝1＋2(기다리는 시간)＋3(서비스 받는 시간)＝6

5번 고객의 처리시간＝1＋2＋3(기다리는 시간)＋5(서비스 받는 시간)＝11

4번 고객의 처리시간＝1＋2＋3＋5(기다리는 시간)＋8(서비스 받는 시간)＝19

처리시간의 합: 1＋3＋6＋11＋19＝40 ← 최적해

위의 기준 중에 서비스 시간이 짧은 순서(오름차순 정렬)를 기준으로 하는 것이 최적해임을 알 수 있다.

일반적으로 스케줄링 문제는 Greedy의 전형적인 문제로 알려져 있다.

과제 1: Greedy의 전형인 회의실 배정과 스케줄링 문제를 프로그램으로 작성해 보자.

과제 2: Greedy 방법으로 해결했을 경우 문제가 되는 예를 찾아보자.

2. 분할 정복(Devide and conquer)

주어진 문제를 작은 문제로 분할하고, 각 분할된 문제를 다시 크기가 작은 문제로 분할하여 해를 구하는 방법론이다. 이 과정 중에 자연스럽게 **순환 알고리즘(재귀적 성질)**이 적용된다.

작은 문제로 분할한다는 점에서 다음 part에서 설명할 동적 프로그래밍과 유사하지만 분명하게 다르다. 분할 정복은 큰 덩어리에서 출발하여 이를 분할하고, 분할한 것을 다시 분할하는 과정을 반복하면서 해를 얻는다.

동적 프로그래밍은 얻어진 해기 다음 난계의 큰 문제의 해가 되고 이 해는 다시 큰 단계 문제의 해가 된다.

즉 분할 정복 방법은 주어진 문제를 독립적인 부분 문제(Sub-problem)로 나누어 분할된 작은 문제를 **완전히 독립적인 문제로 간주**하고 풀어내는 것이다.

하지만 동적 프로그래밍은 부분 문제를 한 번 해결하고 그 구한 결과를 테이블(배열)에 저장하여 더 큰 문제를 푸는 데에 이용한다.

예를 들어 퀵 소트와 같은 분할 정복 기법은 주어진 문제를 파티션(pivot 원소를 이용하여 입력을 두 개로 쪼갬) 작업을 통해 작은 두개의 문제를 생성하고, 이 두 문제를 완전히 독립적인 문제로 간주하여 다시 반복 수행하는 것이다.

하지만, 동적 프로그래밍은 가방 채우기 문제(Knap Sack)와 같이 작은 가방에 적은 수의 보석으로 얻을 수 있는 최적의 해를 조금 더 큰 가방과 더 많은 보석의 문제를 푸는 데 사용하는 것이다. 이러한 방식으로 가방을 조금씩 늘려가고 보석의 수를 늘려감으로써 우리가 원하는 문제, 즉 주어진 가방과 보석을 가지고 최적의 가방 채우기를 할 수 있는 답을 얻게 되는 것이다.

분할 정복의 대표적인 예: **퀵 소트**(p.63)

과제: 분할 정복을 적용할 수 있는 분야를 조사해 보자.

3. 동적 프로그래밍(Dynamic Programming)

동적 프로그래밍이란 개념적으로 볼 때 주어진 문제를 여러 부분 문제(Sub - Problem)로 분할하여 순환 수행한다는 점에서 분할 정복 (Divide and Conquer)과 같으나 분할 정복법의 경우 한 번 순환하여 수행된 부분 문제는 다시 수행되지 않는 경우에 적당하고 동적 계획 법은 다시 수행될 수 있을 때 사용되는 방법이다. 즉, 주어진 문제를 여러 부분 문제로 분할하여 문제를 해결할 때 중첩되는 여러 부분 문제가 발생할 수 있다. 그래서 이런 중복에 대한 주의를 기울이지 않으면 비효율적인 알고리즘이 된다. 반면, 동적 프로그래밍을 이용 하여 한 번 해결한 부분 문제를 저장하여 나중에 다시 사용한다면 더 효율적인 알고리즘이 된다.

반복해서 여러 번 호출되는 부분 문제가 있을 경우 해당되는 부분 문제가 첫 번째 수행될 때 그 결과를 기록해 두었다가 이후에 다시 수행이 요구될 때 또 **수행하는 것이 아니라** 이전에 기록된 **결과를 이용**하 는 것이 동적 프로그래밍의 핵심이 되는 부분이다.

이때, "dynamic programming"의 "programming"이라는 말은 컴퓨 터 프로그램과 무관하고 **표를 이용하는 방법**이라는 뜻이다.

 "동적 프로그램은 가장 작은 문제부터 시작해 해를 점점 키워 최종적으로 주어진 문제에 도달하게 되는 것이다."

 ☞ **동적 프로그래밍 기법을 이용할 때는 다음과 같은 사항에 유의해 야 한다.**
1. 작은 문제의 해를 병합하여 더 큰 문제의 해를 구하는 것이 항 상 가능하지는 않다.

2. 주어진 문제를 해결하기 위해 작은 문제로 나눌 때, 해결해야
   하는 작은 문제가 너무 많아질 수가 있다.

☞ **동적 프로그래밍은 다음과 같은 특성을 가진다.**
1. 결정의 최적의 순서는 최적화의 원칙으로 명백히 나타난다.
   **"최적 결정의 순서가 조기 상태와 결정이 무엇이든지 간에, 나머지의 모
   든 결정들은 첫 번째 결정에서 나타난 상태에 관해서 최적 결정 순서를
   구성시키는 원칙"**
2. 한 번 어떤 부분 문제가 해결되면 그 해를 기억함으로써 결코
   두 번 다시 계산되지 않는다.

☞ **동적 프로그래밍의 작업 순서**
1. 문제가 최적화의 원리가 적용되는지 확인한다.
2. 부분 문제를 정의한다.
3. 구해야 하는 큰 문제는 어떻게 정의되는지 알아본다.
4. 큰 문제와 작은 문제 간의 관계를 찾는다.
5. 관계를 통해 작은 문제들을 어떤 순서로 구해 나갈 것인지를
   결정한다.

1) 동적 프로그램의 실전 예

(1) 냅색(Knap Sack)

가방의 **무게가 16**으로 제한되었을 때 어떤 보석으로 채우는 것이

가장 가치가 있는가?

jewel	A	B	C	D	E
size()	3	4	7	8	9
value()	4	5	10	11	13

[알고리즘]

1. 작은 문제로 분할한다(가방의 무게를 1~16까지 변화시키면서 각 무게에 대한 물건 A만 적용시킨다.).
2. 그 다음 B를 적용시키는데 A를 적용하는 것과 비교해서 좋은 것을 선택한다.
3. C, D, E까지 적용시키는데 매번 더 좋은 값을 선택, 저장하도록 한다.

[과정 설명]

1. A만 적용시킨다.

   A의 무게=3이므로 3부터 16까지 다음을 반복한다.

   현재 가치=(현재 판단할 무게-3)의 가치+A의 가치

   현재 가치를 이전의 가치와 비교하여 좋은 것을 선택

	0	1	2	3	4	5	6	7	8	9	10	11	12	13	14	15	16
dyn( )	0	0	0	4	4	4	8	8	8	12	12	12	15	15	15	18	18
bosuk( )	''	''	''	A	A	A	A	A	A	A	A	A	A	A	A	A	A

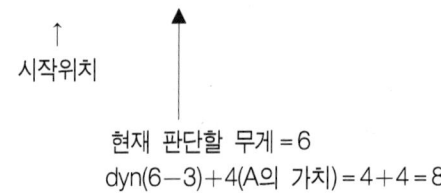

현재 판단할 무게＝6
dyn(6－3)＋4(A의 가치)＝4＋4＝8

2. B를 적용시킨다.

B의 무게＝4이므로 4부터 16까지 반복한다.

	0	1	2	3	4	5	6	7	8	9	10	11	12	13	14	15	16
dyn( )	0	0	0	4	5	5	8	8	9	12	12	13	15	15	17	18	18
bosuk( )	''	''	''	A	B	B	A	A	B	A	A	B	A	A	B	A	A

현재 판단할 무게＝4
dyn(4－4)＋5(B의 가치)＞4(이전 값)이므로 갱신

3. C, D, E를 모두 적용시키면 다음과 같다.

		0	1	2	3	4	5	6	7	8	9	10	11	12	13	14	15	16
A	dyn( )	0	0	0	4	4	4	8	8	8	12	12	12	15	15	15	18	18
	bosuk( )	''	''	''	A	A	A	A	A	A	A	A	A	A	A	A	A	A
B	dyn()	0	0	0	4	5	5	8	8	9	12	12	13	15	15	17	18	18
	bosuk( )	''	''	''	A	B	B	A	A	B	A	A	B	A	A	B	A	A
C	dyn( )	0	0	0	4	5	5	8	10	10	12	14	15	15	18	20	20	20
	bosuk( )	''	''	''	A	B	B	A	C	C	A	C	C	A	C	C	C	C
D	dyn( )	0	0	0	4	5	5	8	10	11	12	14	15	16	16	20	21	22
	bosuk( )	''	''	''	A	B	B	A	C	D	A	C	C	D	D	C	D	D
E	dyn( )	0	0	0	4	5	5	8	10	11	13	14	15	17	18	20	21	23
	bosuk( )	''	''	''	A	B	B	A	C	D	E	C	C	E	E	C	D	E

☞ **최종적인 배열 값**

dyn( )	0	0	0	4	5	5	8	10	11	13	14	15	17	18	20	21	23
bosuk( )	''	''	''	A	B	B	A	C	D	E	C	C	E	E	C	D	E

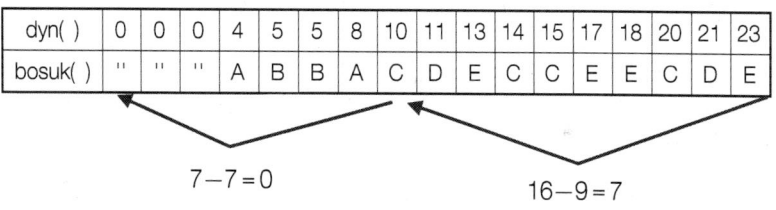

$7-7=0$ $16-9=7$

우리가 구하고자 하는 **최대 가치 = dyn(16)의 값 = 23**

23의 가치를 얻기 위해 **E를 사용**했으므로 16 - 9(E의 무게) = 7 위치로 간다.

10의 가치를 얻기 위해 **C를 사용**했으므로 7 - 7(C의 무게) = 0(종료)

과제: 만약 위의 예처럼 가방에 담은 보석(C, E)을 출력하고자 할

때 어떻게 하면 되는지 설명해 보자.

(2) Up sequence

> n개의 자연수가 무작위로 나열되어 있다. 그중에서 몇 개를 뽑고 나니 오름차순이 되었다. 이것을 up sequence라 한다. 이러한 up sequence 중에서 길이가 가장 긴 것을 찾아낸다.
> 예) 2 4 3 1 5 6 2 → 2 3 5 6 또는 2 4 5 6

[알고리즘]

현재 위치를 i라 할 때

1. (i-1) 위치에서 0 위치까지 다음을 반복한다. (j변수 이용)

j번째 값이 현재 위치 값보다 작거나 같고 (j번째 테이블(dyn배열) 값+1)이 현재 테이블 값보다 크면 새로운 값으로 갱신한다.

If a(j)<=a(i) And dyn(j)+1>dyn(i) Then

dyn(i)=dyn(j)+1

back=j

End if

[과정 분석]

1. i=1일 경우

a(0)<a(1)이고 dyn(0)+1>dyn(1)이므로 dyn(1)=1, back(1)=0

index	0	1	2	3	4	5	6	7
데이터 a()	0	2						
테이블 dyn()	0	1						
위치추적 back()	0	0						

2. i = 2일 경우

a(1)<a(2)이고 dyn(1)+1>dyn(2)이므로 dyn(2)=2, back(2)=1

a(0)<a(2)이지만 dyn(0)+1<dyn(2)이므로 no operation

index	0	1	2	3	4	5	6	7
데이터 a()	0	2	4					
테이블 dyn()	0	1	2					
위치추적 back()	0	0	1					

3. i = 3일 경우

a(2)>a(3)이므로 no operation

a(1)<a(3)이고 dyn(1)+1>dyn(3)이므로 dyn(3)=2, back(3)=1

a(0)<a(3)이지만 dyn(0)+1<dyn(3)이므로 no operation

index	0	1	2	3	4	5	6	7
데이터 a()	0	2	4	3				
테이블 dyn()	0	1	2	2				
위치추적 back()	0	0	1	1				

4. i = 4, 5, 6, 7일 경우도 위와 같은 처리를 한다.

index	0	1	2	3	4	5	6	7
데이터 a()	0	2	4	3	1	5	6	2
테이블 dyn()	0	1	2	2	1	3	4	2
위치추적 back()	0	0	1	1	0	3	5	4

(처리가 모두 완료가 된 후 배열 모습)

dyn() 배열 값 중에 4가 최댓값이므로
Up Sequence를 구성하는 **최대 숫자의 길이는 4**이다.

Up Sequence를 구성하는 숫자 추적하기(시작: 최댓값이 기억되어 있는 index = 6)

index	0	1	2	3	4	5	6	7
데이터 a()	0	2	4	3	1	5	6	2
테이블 dyn()	0	1	2	2	1	3	4	2
위치추적 back()	0	0	1	1	0	3	5	4

↑
위치 값이 0이면 종료

과제 1: 위에서 숫자를 추적해 보면 6 → 5 → 3 → 2가 된다. 그렇지만 정상적인 순서는 2 → 3 → 5 → 6이다. 어떻게 하면 정상순서로 출력할 수 있겠는가?

과제 2: 2차원 Up Sequence는 어떻게 동적 프로그래밍으로 구현할 수 있는지 분석하고 프로그래밍해 보자.

2차원 Up Sequence
왼쪽, 오른쪽, 위, 아래 이렇게 4방향으로 연결되어 있어야 하고 뽑은 순서대로 나열했을 때 오름차순으로 정렬해야 한다.

(3) 동전 교환

동전 단위: 1원, 5원, 12원, 50원
지불 금액: 15원
가장 적은 수의 동전으로 교환해 주려고 한다.

배열	m(1)	m(2)	m(3)	m(4)
동전	1원	5원	12원	50원

[알고리즘]

1. 작은 문제로 분할한다(지불 금액을 1~15까지 변하시키면서 각 금액에 대한 1원 동전만 적용시킨다.).
2. 그 다음 5원을 적용시키는 데 1원을 적용하는 것과 비교해서 좋은 것
   즉, 동전 사용 수를 적게 하는 것을 선택한다.
3. 12원, 15원까지 적용시키는데 매번 더 좋은 값을 선택, 저장하도록 한다.

[과정 분석]

1. 1원 기준

    1원부터 15원까지 다음을 반복한다.

    현재 동전 지불 수=(현재 금액-1)의 지불 동전 수+1

    현재 동전 지불 수와 이전의 동전 지불 수와 비교하여 적은 것을 선택

↓ 시작위치

지불금액	0	1	2	3	4	5	6	7	8	9	10	11	12	13	14	15
동전 수	0	1	2	3	4	5	6	7	8	9	10	11	12	13	14	15
사용동전	0	1	1	1	1	1	1	1	1	1	1	1	1	1	1	1

2. 5원 기준   ↓ 시작위치

지불금액	0	1	2	3	4	5	6	7	8	9	10	11	12	13	14	15
동전 수	0	1	2	3	4	1	2	3	4	5	2	3	4	5	6	3
사용동전	0	1	1	1	1	2	2	2	2	2	2	2	2	2	2	2

↑

(5-5)원 지불 시 동전 수+1⟨이전 지불 동전 수이므로 갱신

3. 12원 기준   ↓ 시작위치

지불금액	0	1	2	3	4	5	6	7	8	9	10	11	12	13	14	15
동전 수	0	1	2	3	4	1	2	3	4	5	2	3	1	2	3	3
사용동전	0	1	1	1	1	2	2	2	2	2	2	2	3	3	3	2

↑

(13-1)원 지불 시 동전 수+1⟨이전 지불 동전 수이므로 갱신

4. 50원 기준: 지불 금액을 초과하므로 사용할 수 없다.

☞ **최종 결과**

지불금액	0	1	2	3	4	5	6	7	8	9	10	11	12	13	14	15
동전 수	0	1	2	3	4	1	2	3	4	5	2	3	1	2	3	③
사용동전	0	1	1	1	1	②	2	2	2	2	②	2	3	3	3	②

그렇다면 최소의 수로 15원을 지불하는 방법은?

1) 지불 동전 수: **3**

2) 15원을 지불하기 위해서 마지막으로 **2번 동전** 사용(5원 동전)

   $(15 - 5) = 10$원이므로

3) 10원을 지불하기 위해서 마지막으로 **2번 동전** 사용(5원 동전)

   $(10 - 5) = 5$원이므로

4) 5원을 지불하기 위해서 마지막으로 **2번 동전** 사용(5원 동전)

   $(5 - 5) = 0$이므로 **종료**

즉, 5원짜리 동전 3개를 사용하여 15원을 지불한다.

과제 1: Greedy로 동전 교환을 구성해 보고 무엇이 문제인지를 분석해 보자.

과제 2: 지불 동전의 종류가 1원부터 시작을 하면 어떤 경우이든 동전 교환이 가능하다. 그런데 시작 금액이 2원이면 불가능한 경우도 생길 수 있다. 이런 경우는 어떻게 하면 되는지 연구해 보자.

(4) 최대 공통부분 문자열(LCS)

문자열 A = "abcbdab"

문자열 B = "bdcaba"

두 문자열에서 공통으로 포함되어 있는 부분 문자열을 찾는다.

결과: "bcba"(다른 결과가 나올 수 있음.)

[준비단계]

다음과 같은 2차원 배열에 문자열 A와 문자열 B를 저장한다.

	null	b	d	c	a	b	a
null	0	0	0	0	0	0	0
a	0						
b	0						
c	0						
b	0						
d	0						
a	0						
b	0						

2. 배열의 숫자는 최대 문자열 수가 된다.

[알고리즘]

1. 문자열 A의 "a"부터 "b"까지 다음을 반복한다.

　1-1. 문자열 B의 "b"부터 "a"까지 비교해 나간다.

　　　1-1-1. A의 부분문자와 B의 부분문자가 같으면 대각선

(행-1, 열-1) 값 +1을 기억한다.

다르면 위쪽(행-1, 현재 열) 값과 왼쪽(현재 행, 열-1) 값 중 최댓값을 기억한다.

	null	b	d	c	a	b	a
null	0	0	0	0	0	0	0
a	0	0	0	0	1	1	1
b	0	1	1	1	1	2	2
c	0	1	1	2	2	2	2
b	0	1	1	2	2	3	3
d	0	1	2	2	2	3	3
a	0	1	2	2	3	3	4
b	0	1	2	2	3	4	4

최대 공통부분 문자열의 크기는 **4**

☞ **공통 문자열 찾기 위한 방법**

위의 알고리즘에서

A의 부분문자와 B의 부분문자가

같으면 대각선(행-1, 열-1) 값 +1을 기억한다.(↖)

다르면 위쪽(행-1, 현재 열) 값 (↑)과 왼쪽(현재 행, 열-1) 값(←) 중 최댓값을 기억한다.

↖값을 기억했다는 것은 현재 문자가 같으므로 A문자열은 위쪽으로 B문자열은 왼쪽으로 이동하면서 같은 문자를 다시 찾는다.

← 값을 기억했다는 것은 아래 그림처럼 왼쪽 방향에 더 많은 공통 문자열이 존재

	null	b	d	c	a	b	a
null	0	0	0	0	0	0	0
a	0	0	0	0	1	1	1
b	0	1	1	1	1	2	2
c	0	1	1	2	→ 2	2	2
b	0	1	1	2	2	3	3
d	0	1	2	2	2	3	3
a	0	1	2	2	3	3	4
b	0	1	2	2	3	4	4

↑값을 기억했다는 것은 아래 그림처럼 위쪽 방향에 더 많은 공통 문자열이 존재

	null	b	d	c	a	b	a
null	0	0	0	0	0	0	0
a	0	0	0	0	1	1	1
b	0	1	1	1	1	2	2
c	0	1	1	2	2	2	2
b	0	1	1	2	2	3	3
d	0	1	2	2	2	3 ↓	3
a	0	1	2	2	3	3	4
b	0	1	2	2	3	4	4

☞ **최종 배열의 내용**

	null	b	d	c	a	b	a
null	0	0	0	0	0	0	0
a	0	0 ↑	0 ↑	0 ↑	1 ↖	1 ←	1 ↖
b	0	1 ↖	1 ←	1 ←	1 ↑	2 ↖	2 ←
c	0	1 ↑	1 ↑	2 ↖	2 ←	2 ↑	2 ↑
b	0	1 ↖	1 ↑	2 ↑	2 ↑	3 ↖	3 ←
d	0	1 ↑	2 ↖	2 ↑	2 ↑	3 ↑	3 ↑
a	0	1 ↑	2 ↑	2 ↑	3 ↖	3 ↑	4 ↖
b	0	1 ↖	2 ↑	2 ↑	3 ↑	4 ↖	4 ↑
a	0	0 ↑	0 ↑	0 ↑	1 ↖	1 ←	1 ↖
b	0	①↑	1 ←	1 ←	1 ↑	2 ↖	2 ←
c	0	1 ↑	1 ↑	②↖	2 ←	2 ↑	2 ↑
b	0	1 ↖	1 ↑	2 ↑	2 ↑	③↖	3 ←
d	0	1 ↑	2 ↖	2 ↑	2 ↑	3 ↑	3 ↑
a	0	1 ↑	2 ↑	2 ↑	3 ↖	3 ↑	④↖
b	0	1 ↖	2 ↑	2 ↑	3 ↑	4 ↖	4 ↑

↑출발

위 그림처럼 출발지점에서 기억방향으로 이동하는데 대각선 값이
기억되어 있는 위치가 공통문자이므로 a → b → c → b 순서로 검색이
되는데 실제 값은 역순이므로 b → c → b → a가 찾고자 하는 최대
공통부분 문자열이다.

과제: 위 알고리즘에서 서로 같지 않은 경우 위쪽, 왼쪽 중에서 최 댓값을 기억했는데 같을 경우 위쪽 값을 선택했다. 왼쪽 값을 선택 할 수도 있는데 그럴 경우에는 최댓값인 4는 변함이 없지만 공통 문자가 "bcba"가 아닌 다른 문자열이 된다. 어떤 결과가 나올 것인지 예상을 해 보고 직접 프로그램을 작성하여 확인하자.

(5) 조합(Combination) 구하기

> A, B, C, D, E 다섯 사람이 있을 때 이중 대표 3명을 뽑는 방법의 개수 를 알아보자.

위 문제를 수학식으로 표현하면 5C3이 되는데 이를 파스칼 삼각형 을 이용한 동적 프로그램 방법으로 해결한다.

				1						$_0C_0$	
			1		1				$_1C_0$		$_1C_1$
		1		2		1		$_2C_0$		$_2C_1$	$_2C_2$
	1		3		3		1	$_3C_0$	$_3C_1$	$_3C_2$	$_3C_3$

$$1 \quad 4 \quad 6 \quad 4 \quad 1 \qquad _4C_0 \quad _4C_1 \quad _4C_2 \quad _4C_3 \quad _4C_4$$

$$1 \quad 5 \quad 10 \quad 10 \quad 5 \quad 1 \qquad _5C_0 \quad _5C_1 \quad _5C_2 \quad _5C_3 \quad _5C_4 \quad _5C_5$$

[알고리즘]

0열에 1로 초기 값을 준다,

	0	1	2	3	4	5
0	1					
1	1					
2	1					
3	1					
4	1					
5	1					

1. 1부터 5까지 다음을 반복한다(반복변수: i).

1 - 1. 1부터 i까지 다음을 반복한다(반복변수: j).

　　1 - 1 - 1. 현재 배열 값＝대각선 값(행 - 1, 열 - 1)＋위쪽 값
　　　　　　(행 - 1, 열)

　　　　　　$a(i, j) = a(i - 1, j - 1) + a(i - 1, j)$

☞ **최종적으로 기억된 결과**

	0	1	2	3	4	5
0	1					
1	1	1				
2	1	2	1			
3	1	3	3	1		
4	1	4	6	4	1	
5	1	5	10	(10)	5	1

$$\downarrow$$

$$_5C_3 = 10$$

과제: 조합을 재귀호출을 이용해서 해결할 수 있는데 동적 프로그램과 비교해 보자

4. 역추적(Backtracking)

모든 경우를 조사한다.＝최적의 해를 얻는다.

→ 조사 시간이 너무 많이 소요된다.

→ bounding function 설정 소요시간을 줄인다.

＝제한시간 이내에 최적의 해를 얻을 수 있다.

1) n－Queen

4*4 체스판에 4명의 여왕을 배치하려고 한다. 이때 어떤 두 여왕이 서로 같은 행, 같은 열, 같은 대각선에 위치해서는 안 된다. 이러한 조건을 만족하도록 여왕을 배치해 보자.

☞ **조건에 맞지 않는 경우**　　☞ **조건에 맞는 경우**

Q1			
Q2			
			Q3
		Q4	

		Q1	
Q2			
			Q3
	Q4		

Q1과 Q2는 같은 열, Q4는 Q3 또는 Q2와 대각선 관계

[문제 분석]-모든 경우를 따져본다 (24가지 - p.48 재귀호출(순열) 참조)

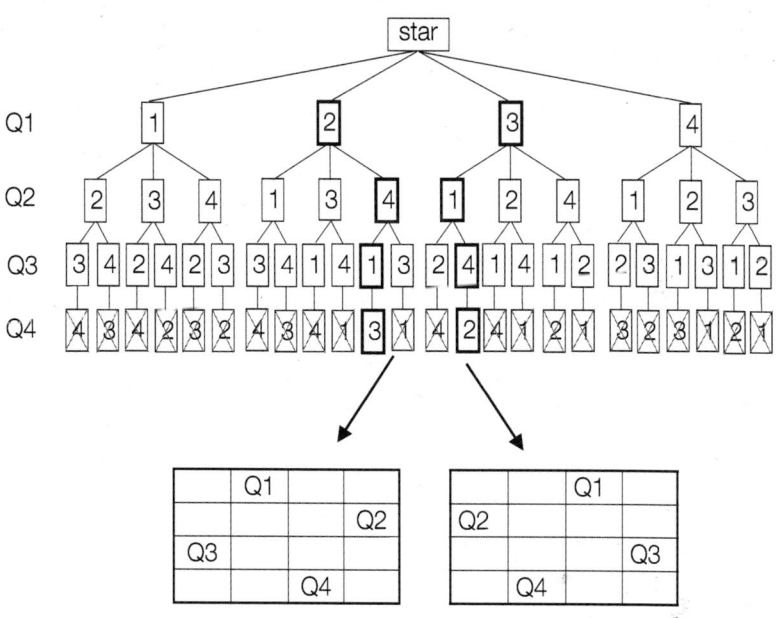

[분석2: Bounding Function설정]

위 상태도에서 bounding function(DFS로 검색을 하다가 더 이상 검색해 볼 필요가 없을 때는 검색하지 않게 하는 것)을 설정해 주면 과정을 많이 줄일 수 있다.

☞ **다음 그림을 보자.**

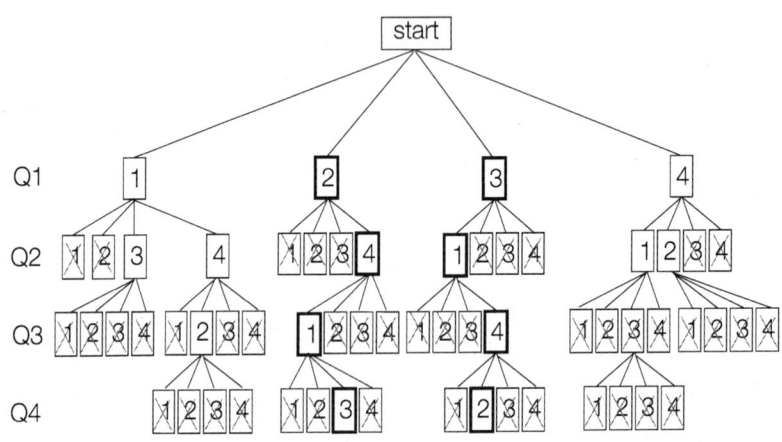

조건 분석 – bounding function

Q1의 위치를 row1(행), col1(열)이라 하고, Q2의 위치를 row2, col2라 할 때

같은 행에 있다: $row1 = row2$

같은 열에 있다: $col1 = col2$

대각선에 위치한다: 대각선(\) $row1 - col1 = row2 - col2$

대각선(/) $row1 + col1 = row2 + col2$

과제: n−Queen 문제를 확장해 보자(n＝8, 16, 32, ……).

[참고사항] n−Queen의 또 다른 해법

1. 1~16까지 숫자를 배열에 기억한다.

1	2	3	4
5	6	7	8
9	10	11	12
13	14	15	16

2. 1행 1열 위치에 여왕을 배치하고 같은 행, 같은 열, 대각선 요소를 제외한다.

Q	2	3	4
5	6	7	8
9	10	11	12
13	14	15	16

Q			
		7	8
	10		12
	14	15	

3. 2행에서 놓일 수 있는 7 위치에 여왕을 배치한다.

Q			
		Q	8
	10		12
	14	15	

Q			
		Q	
	14		

4. 3행에 놓일 곳이 없다. 2행 배치를 다시 한다.
   2행에서 놓을 수 있는 8로 배치시킨다.

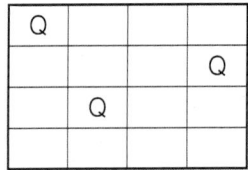

5. 3행에 놓을 수 있는 10 위치에 여왕을 배치시킨다.

6. 4행에 놓을 수 있는 위치가 없으므로 3행으로 되돌아간다. → 놓일 위치가 없다. → 2행으로 돌아간다. → 놓을 위치가 없다.
   → 1행으로 다시 되돌아가서 2 위치에 여왕을 배치한다.

7. 2행의 8 위치에 여왕을 배치한다.

	Q		
			Q
9	11		
13		15	16

	Q		
			Q
9			
13		15	

8. 3행 9 위치에 여왕을 배치시킨다.

	Q		
			Q
Q			
	13		15

	Q		
			Q
Q			
		15	

9. 4행 15 위치에 여왕을 배치한다(완료).

하나의 경우가 완료되었으므로 첫 번째 여왕을 3 위치에 배치 시키는 과정을 반복하면서 가능한 모든 배치를 찾는다.

과제: 위 과정을 프로그래밍해 보자.

2) 부분집합의 합(sum of subsets)

집합 S가 다음과 같이 주어진다.
S = {3, 4, 5, 7}
부분집합의 합이 12인 경우를 찾는다. 답은 {3, 4, 5}, {5, 7}이다

1. bounding function : 현재까지 선택한 원소의 합

현재까지 원소의 합이 12보다 크면 제외시킨다.

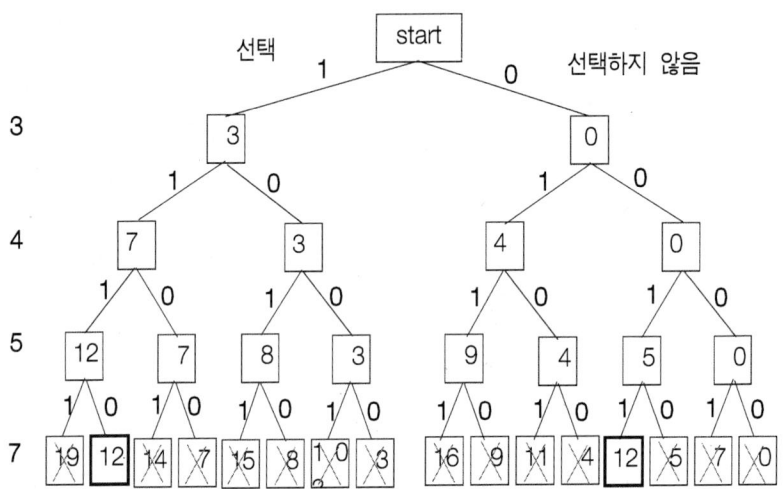

2. bounding function : 현재까지 선택한 원소의 합(a), 남은 원소의

합(b)

a>12 또는 a+b<12 이면 제외시킨다.

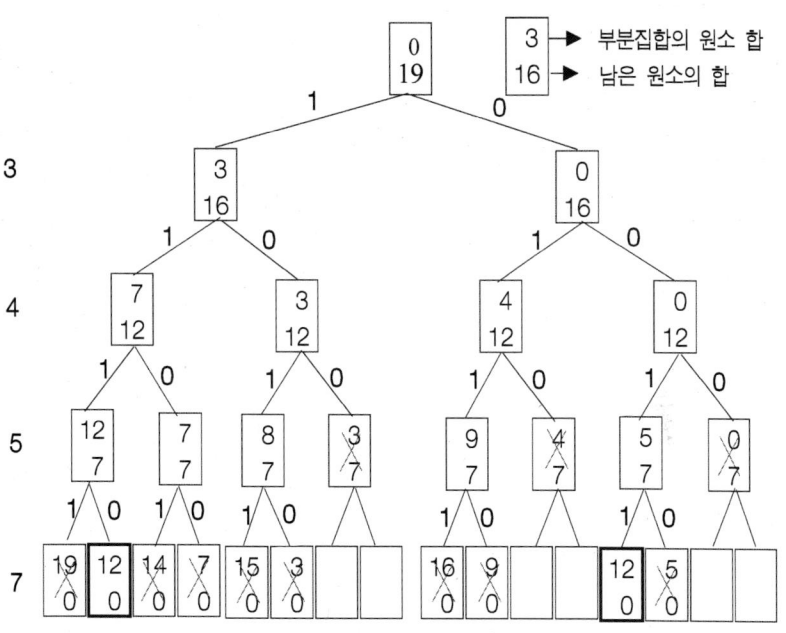

3. **bounding function** : 현재까지 선택한 원소의 합(a), 남은 원소의
   합(b)

   a>12 또는 a+b<12 이면 제외시킨다.

   남아 있는 원소의 합이 적을 수록 제이될 확률이 커시므로

   원소 값이 큰 원소부터 적용한다.

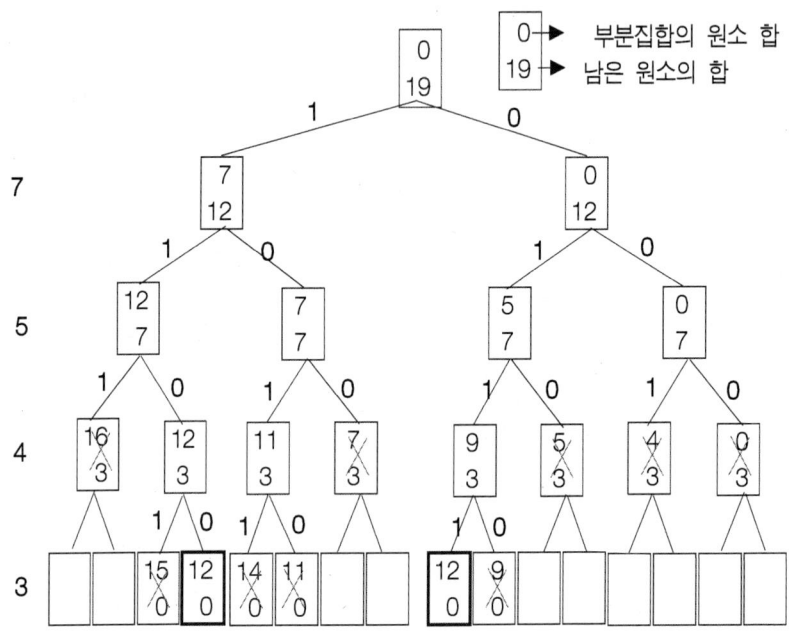

4. **bounding function** : 현재까지 선택한 원소의 합(a), 남은 원소의

합(b) 부분원소의 합＋다음 원소의 합(c)

a>12 또는 a＋b<12 또는 c>12 이면 제외시킨다.

0 → 부분집합의 원소 합
19 → 남은 원소의 합
7 → 부분집합의 원소+다음원소

과제 : 위 과정을 프로그래밍 해보자

5. 기하 알고리즘

1) 방향성 검사하기

평면상에 세 점이 있을 때 그 점들이 어떤 방향을 이루고 있는지를 검사하는 것은 기하 알고리즘의 기초가 된다. a, b, c 세 점이 시계 방향으로 존재하는지, 반시계 방향으로 존재하는지, 아니면 일직선상에 존재하는 지를 검사하는 방법은 다음과 같이 벡터의 외적을 이용해서 구한다.

$$t = a.x * b.y - a.y * b.x + b.x * c.y - b.y * c.x + c.x * a.y - c.y * a.x$$

t > 0 : a, b, c는 **반시계** 방향(선분 ab를 중심으로 점 c가 왼쪽에 있다)

t < 0 : a, b, c는 **시계** 방향(선분 ab를 중심으로 점 c가 오른쪽에 있다)

t = 0 : a, b, c가 삼각형을 이루지 않고 **일직선상에 존재**한다.

a, b, c가 이루는 삼각형의 **면적 = abs(t) / 2**   (**abs함수:절대값**)

☞ **위의 식을 이용하여 실제 방향을 계산해 보자**

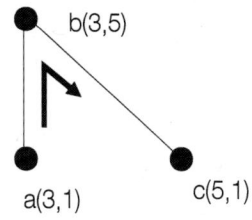

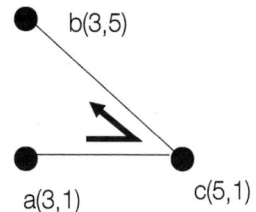

1) a, b, c가 이루는 방향

t = 3 * 5 − 1 * 3 + 3 * 1 − 5 *

5 + 5 * 1 − 1 * 3

= − 8 **(음수 : 시계방향)**

면적 = abs(− 8) / 2 = 4

2) a, c, b가 이루는 방향

t = 3 * 1 − 1 * 5 + 5 * 5 − 1 *

3 + 3 * 1 − 5 * 3

= 8 **(양수 : 반시계방향)**

면적 = abs(8) / 2 = 4

과제: 세 점보다 많은 다각형의 꼭지점 좌표가 주어질 때 위 식(벡터
의 외적)을 이용하여 다각형의 면적을 구할 수 있는지 연구해 보자.

2) 선분의 교차

선분 p1p2와 선분 p3p4가 교차하기 위해
서는 p1p2가 p3p4를 가로질러야 하고 p3p4
가 p1p2를 가로질러야 한다.

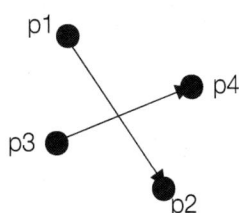

(1) p1p2가 p3p4를 가로질러야 한다.

　= 선분 p1p2가 선분 p1p3와 p1p4사이에 있어야 한다.

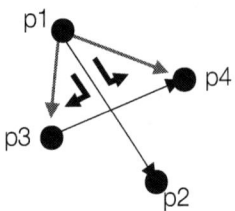

그림에서 보는 바와 같이 p1p2p3가 이루는 방향과 p1p2p4가 이루는 방향이 반대이어야 한다. = 서로 곱하면 음수가 된다.

식1) **p1p2p3의 방향 * p1p2p4의 방향 < 0**

또 한가지 고려해야 할 사항은 다음 그림처럼 끝점에서 만나는 경우이다

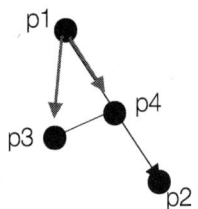

식1)에 이와 같은 경우를 포함하면 **p1p2p3의 방향 * p1p2p4의 방향 <= 0**

(2) p3p4가 p1p2를 가로질러야 한다.

　= 선분 p3p4가 선분 p3p1와 p3p2사이에 있어야 한다.

　= p3p4p1이 이루는 방향 * p3p4p2가 이루는 방향 〈 = 0

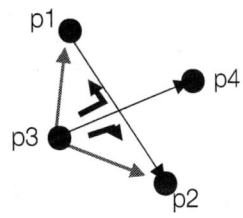

1), 2)를 종합하면

p1p2p3 * p1p2p4 〈 = 0 and p3p4p1 * p3p4p2 〈 = 0

위의 방법으로 검사하면 다음과 같은 경우도 교차여부를 판단할 수 있다.

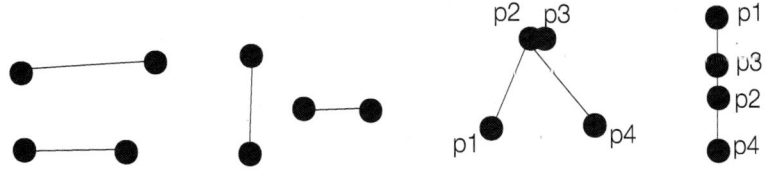

　그런데 다음과 같은 경우는 교차하지 않음에도 방향 값이 0이 되므로 교차한다고 판단한다.

어떻게 위 경우를 구분할 수 있을까?

☞ 해결책 : 상자 검사

상자검사는 각 선분이 차지하는 직사각형 영역끼리 겹치는 부분이 있는가를 검사하는 방법이다. 만약 두 직사각형이 서로 겹치지 않는다면 적어도 두 선분은 교차하지 않는 다는 것을 알 수 있다.

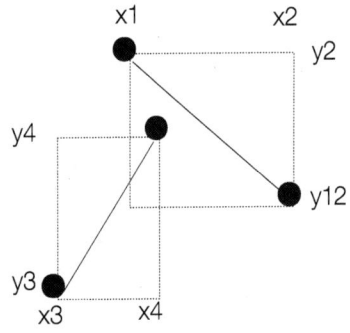

두 직사각형의 좌표 x1≤x2, x3≤x4, y1≤y2, y3≤y4가 되도록 한 후 x1≤x4 and x3≤x2 and y1≤y4 and y3≤y2이면 직사각형은 서로 교차한다.

선분 교차여부를 판단할 때는 먼저 상자검사를 하고 상자검사 후

직사각형이 서로 교차하지 않으면 방향검사를 이용한 선분교차 여부
를 검사하면 쉽게 처리 할 수 있다

과제 : 위 과정을 프로그래밍 해보자

3) Graham's Algorithm – 볼록 껍질(convex hull)

다각형 내부의 임의의 두 점을 끝으로 하는 선분을 그었을 때 다
각형의 변과 겹치지 않으면 그 다각형을 볼록 껍질이라고 부른다.
(즉, 다각형의 모든 각이 볼록하다)

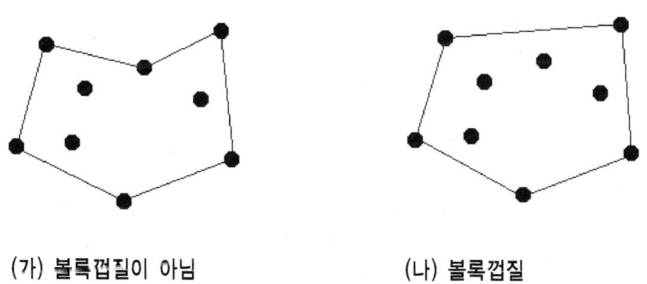

(가) 볼록껍질이 아님   (나) 볼록껍질

[방 법]

1. 주어진 점들을 각도 순서대로 미리 정렬한다. 그러면 볼록 껍질
   을 이루는 점들로 이 순서에 맞게 된다. 물론 정렬하기 위해서
   는 기준점을 잡아야 하는데 이 기준점은 볼록껍질을 이루는 한

점이어야 한다. y좌표의 최소점으로 잡으면 된다.

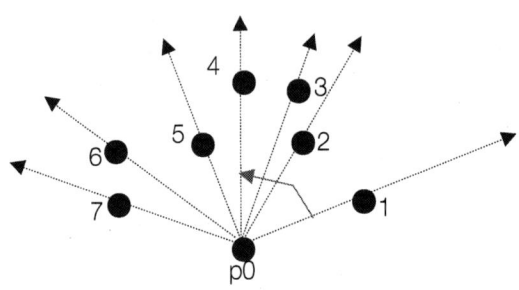

2. 순서대로(1~7번까지) 다각형을 만들어 나간다. 이 때 다각형을 오목하게 만드는 점이 있으면 그 점은 볼록껍질이 될 수 없으므로 제거한다.

오목하게 만드는 점 : 1˜7순서가 반시계 방향이므로 세 점의 방향성 체크에서 양수가 나오면(시계 방향이면 오목)

① p0, 1, 2 판단 : 반시계 방향

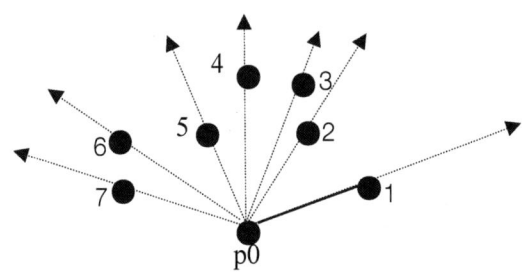

② 1, 2, 3 판단 : 시계 방향 (제외)

③ 1, 3, 4 판단 : 반시계 방향

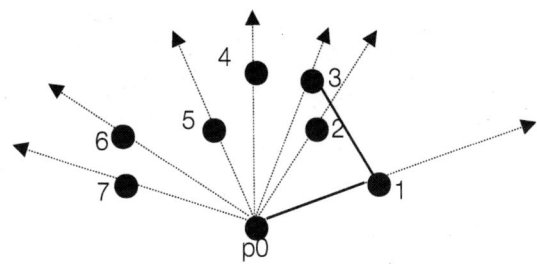

④ 3, 4, 5 판단 : 반시계 방향

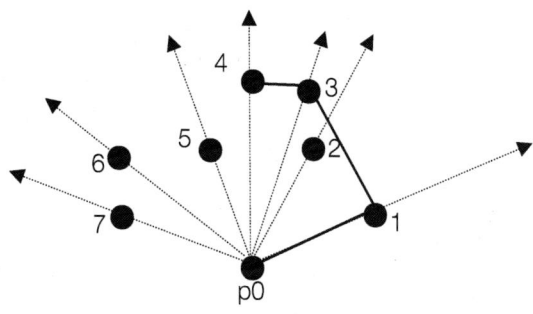

⑤ 4, 5, 6 판단 : 시계 방향(제외)
⑥ 4, 6, 7 판단 : 반시계 방향

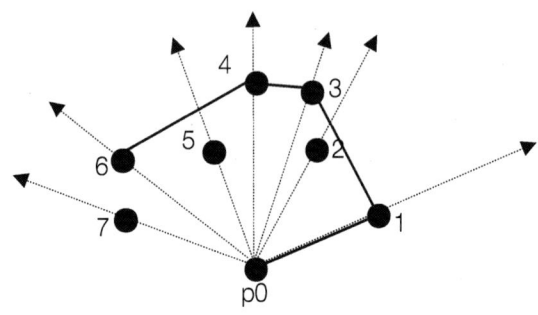

⑦ 최종 결과

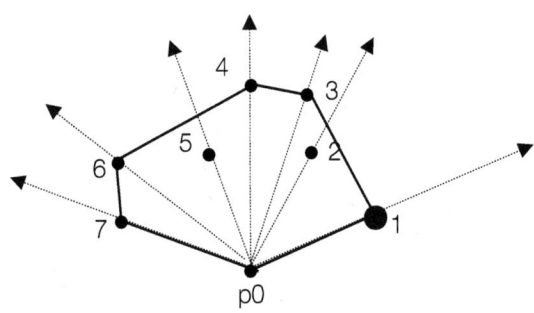

과제 : 위 과정을 프로그래밍 해보자

부 록

수학 관련 용어 정리

부 록) 수학 관련 용어 정리

- **기수법**

일정한 개수의 숫자를 사용하여 수를 표시하는 방법

10진법, 2진법, 8진법, 16진법 등

10진법

0부터 9까지 10개의 수를 사용하여 수의 자리를 하나씩 올라감에 따라 자리 값이 10배씩 커지는 수의 표시방법

$$5472 = 5*10^3 + 4*10^2 + 7*10 + 2*1$$

2진법

2개의 정수 0,1을 써서 수의 자리가 하나씩 올라감에 따라 자리 값이 2배씩 커지는 수의 표시방법

$$1010101100000_{(2)} = 1*2^{12}*1*2^{10} + 1*2^8 + 1*2^6 + 1*2^5$$
$$= 1*4096 + 1*1024 + 1*256 + 1*64 + 1*32 =$$
$$5472_{(10)}$$

8진법

0에서 7까지의 수를 사용해서, 수의 자리가 하나씩 올라감에 따라

자리값이 8배씩 커지는 수의 표시방법

$$20427_{(8)} = 2*8^4 + 4*8^2 + 2*8^1 + 7*8^0$$
$$= 2*4096 + 4*64 + 2*8 + 7*1 = 8471_{(10)}$$

16진법

0에서 9까지의 수와, A($=10$), B($=11$), C($=12$), D($=13$), E($=14$), F($=15$)를 사용해서, 수의 자리가 하나씩 올라감에 따라 자리의 값이 16배씩 커지는 수의 표시방법

$$1BD_{(16)} = 1*16^2 + 11*16^1 + 13*16^0$$
$$= 1*256 + 11*16 + 13*1 = 445_{(10)}$$

2진수를 8진수로 바꾸는 방법

$2^3 = 8$이므로 2진수에서 세자리는 8진수의 한자리와 같다. 따라서 이진수를 오른쪽부터 세자리씩 끊어서 8진수로 바꾸면 된다.

$$1010111011(2) = 1_{(2)} \quad 010_{(2)} \quad 111_{(2)} \quad 001_{(2)}$$
$$= 1_{(8)} \quad\quad 2_{(8)} \quad\quad 7_{(8)} \quad\quad 3_{(8)}$$
$$= 1283_{(8)}$$

● 약수

어떤 수를 나누어 떨어지게 할 수 있는 수

● 배수

어떤 정수의 정수배를 본래의 정수의 배수라 한다. 즉, 정수 a를 0

이 아닌 정수 b로 나누었을 때 그 몫이 정수이면 a를 b의 배수라 한
다. 예를 들면,

12＝2×6＝3×4＝1×12이므로 12는 1,2,3,4,6,12의 어느 수의
배수도 된다.

- **공약수** 두개 이상의 수들의 공통 약수

- **공배수** 두개 이상의 수들의 공통 배수

- **최대공약수** 공약수 중에서의 최대값

- **최소공배수** 공배수 중에서의 최소값

- **소수**
1보다 큰 정수(整數) p가 1과 p 자신 이외의 양의 약수를 가지지
않을 때의 p.

- **인수**
주어진 정수 A를 몇 개의 정수의 곱으로 나타낼 때, 이 정수를 본
래의 정수 A의 인수라 부르며, 또 주어진 다항식(多項式) B를 몇 개
의 다항식이나 문자의 곱으로 나타낼 때, 이들 다항식 또는 문자를
본래의 다항식 B의 인수라고 한다.
이를테면, 42는 2×3×7의 꼴로 나타낼 수 있으므로 2,3,7은 42의

인수이다

● 인수분해

주어진 정수(整數) 또는 다항식(多項式:整式)을 몇 개의 인수의 곱의 꼴로 변형하는 일.

이를테면, $ac + bc + ad + bd = (a + b)(c + d)$로 되며, 좌변의 식인 $ac + bc + ad + bd$를 우변의 식 $(a + b)(c + d)$로 변형하는 것을 인수분해라고 한다. 그와 반대로 우변과 같은 곱의 꼴로 된 식을 좌변과 같은 꼴로 고치는 것을 전개(展開)한다고 한다.

● 소인수분해

임의의 합성수 a는 유한 개의 소수만의 곱으로 나타낼 수 있다. 이때, a의 소수인 인수(因數)를 a의 소인수라 하고, a를 소인수의 곱의 꼴로 나타내는 일을 a를 소인수분해한다고 한다. 합성수는 곱으로 나타나는 소인수들의 순서를 무시한다면, 모두 단 1가지로 소인수분해된다. 이 사실을 소인수분해의 일의성(一意性)이라 한다. 이를테면, 525는 $525 = 3 \times 52 \times 7$의 1가지로 소인수분해된다.

● 난수

숫자 중에서 각각 같은 확률로 어느 하나를 선택하는 무작위 숫자. 예를 들면, 10진수 236에서 첫 번째 자릿수인 2는 0~9의 10개 숫자 중에서 10분의 1 확률로 2를 취하게 된 것이고, 3과 6도 마찬가지로 각각 10분의 1 확률로 취하게되는 임의의 수, 무작위 수

● 원주율

224 알 고 리 즘

원주(원둘레)의 길이와 그 지름과의 비율
3.14159265358979323846264338327950288419716939937
5105820974944........

- **순열**: 서로 다른 n개의 원소에서 r개를 선택하여 **순서 있게** 늘어
놓는것(n개에서 r개를 택하는 순열의 가짓수 : nPr)

$$_npr = n(n-1)(n-2)* \dots *(n-r+1) = \frac{n!}{(n-r)!}$$

- **중복순열**: 서로 다른 n개의 원소에서 **중복을 허락**하여 r개를 택해
순서있게 나열

$$n\prod r = n^{\,r}$$

- **조합**: 서로 다른 n개의 원소에서 **순서를 고려하지 않고** r개를 택하
는 것

$$nCr = \frac{n!}{(n-r)!*r!}$$

- **중복조합** : 서로 다른 n개의 원소 중에서 **중복을 허락**하여 r개를 택
하는 것

$$_nH_r = _{n+r-1}C_r$$

· 저자 ·

권 훈   •약 력•
(權勳)   - 제주대학교 해양생물공학전공 이학사(2003)
         - 제주대학교 대학원 컴퓨터공학과 공학석사(2005)
         - 제주대학교 대학원 컴퓨터공학과 박사수료
         - 제주산업정보대학, 제주한라대학 강사
            현재,
             - 제주대학교 강사
             - 제주대학교 유비쿼터스 컨버전스 사업단(UCC) 연구원

         •주요논저•

         - A Hierarchical routing protocol for Sensor network reconfiuration
         - 무선 센서 네트워크와 인터넷(IPv4/IPv6) 연동 모델
         - 저장 공간과 검색 효율을 위한 XML 문서의 RDB 스키마 모델
         - ETID를 이용한 XML 기반의 계층적 RDB 스키마 모델
         - 그외 국내 저널지 및 국제 컨퍼런스 등 다수

김정희   •약 력•
(金正熙) - 제주대학교 정보공학과 학사(1994)
         - 제주대학교 대학원 정보공학화 석사(1997)
         - 제주대학교 대학원 정보공학과 박사(2005)
         - 제주산업정보대학 겸임교수
         - 제주한라대학, 탐라대학교 강사
         - 방송통신대학교(제주지역) 튜터
            현재,
             - 제주대학교 강사
             - 제주대학교 유비쿼터스 컨버전스 사업단(UCC) 연구원

         •주요논저•

         - Integration between WSNs and Internet based on Address
           Internetworking for Web Services
         - Building a Service-Oriented Ontology for Wireless Sensor Networks
         - TCP 포트번호를 이용한 센서네트워크와 인터넷(IPv4/IPv6)의 주소 연동
         - 센서네트워크와 인터넷(IPv4/IPv6)과의 동적 주소 연동 방안
         - XML-Based RPC Resource Service System with Request Delegation
         - 그외 국내 저널지 10여편 및 국제 컨퍼런스 5편 등 다수

본 도서는 한국학술정보(주)와 저작자 간에 전송권 및 출판권 계약이 체결된 도서로서, 당사와의 계약에 의해 이 도서를 구매한 도서관은 대학(동일 캠퍼스) 내에서 정당한 이용권자(재적학생 및 교직원)에게 전송할 수 있는 권리를 보유하게 됩니다. 그러나 다른 지역으로의 전송과 정당한 이용권자 이외의 이용은 금지되어 있습니다.

순서도를 활용한 **알 고 리 즘**

- 초판 인쇄 | 2008년 10월 31일
- 초판 발행 | 2008년 10월 31일

- 지 은 이 | 권훈, 김정희 공저
- 펴 낸 이 | 채종준
- 펴 낸 곳 | 한국학술정보㈜
  경기도 파주시 교하읍 문발리 513-5
  파주출판문화정보산업단지
  전화 031) 908-3181(대표)·팩스 031) 908-3189
  홈페이지 http://www.kstudy.com
  e-mail(출판사업부) publish@kstudy.com
- 등   록 | 제일산 115호(2000. 6. 19)
- 가   격 | 24,000원

ISBN   978-89-534-0372-7-93560 (Paper Book)
        978-89-534-0373-4-98560 (e-Book)